突发环境事件
应急演练实用技术

张佳琳　张路路　叶晓惊　王　思　张景茹 / 著

中国环境出版集团 · 北京

图书在版编目（CIP）数据

突发环境事件应急演练实用技术 / 张佳琳等著.
北京 ： 中国环境出版集团，2024. 9. -- ISBN 978-7
-5111-5980-9

Ⅰ．X507

中国国家版本馆 CIP 数据核字第 2024X8Q728 号

责任编辑 宋慧敏
文字编辑 宫小乐
封面设计 宋 瑞

出版发行 中国环境出版集团
（100062 北京市东城区广渠门内大街 16 号）
网 址：http://www.cesp.com.cn
电子邮箱：bjgl@cesp.com.cn
联系电话：010-67112765（编辑管理部）
发行热线：010-67125803，010-67113405（传真）
印 刷 北京中献拓方科技发展有限公司
经 销 各地新华书店
版 次 2024 年 9 月第 1 版
印 次 2024 年 9 月第 1 次印刷
开 本 787×960 1/16
印 张 10.5
字 数 165 千字
定 价 45.00 元

中国环境出版集团郑重承诺：
中国环境出版集团合作的印刷单位、材料单位均具有中国环境标志产品认证。

随着环境应急工作的深入推进，我国以"一案三制"为核心的应急管理体制和机制取得长足发展，但环境事件多发频发的高风险态势没有得到根本改变，突发环境事件的发生和演化越发复杂多变，亟须从危机学习的角度科学认识突发环境事件，通过应急演练举一反三地把握突发环境事件应对的内在规律，提高危机应对的能力。

《中华人民共和国环境保护法》第四十七条指出，各级人民政府及其有关部门和企业事业单位，应当依照《中华人民共和国突发事件应对法》的规定，做好突发环境事件的风险控制、应急准备、应急处置和事后恢复等工作。《突发环境事件应急管理办法》指出突发环境事件应急预案制定单位应当定期开展应急演练，撰写演练评估报告，分析存在问题，并根据演练情况及时修改完善应急预案。《中共中央　国务院关于全面推进美丽中国建设的意见》指出守牢美丽中国建设安全底线，完善国家环境应急体制机制，健全分级负责、属地为主、部门协同的环境应急责任体系，完善上下游、跨区域的应急联动机制。根据上述法律法规及指导意见，突发环境事件应急演练已具备原则性要求，出版本书是落实这些规定和要求的具体举措。

目前，全国各级生态环境部门组织或参与的突发环境事件应急演练基本达到省级每年一次、市级每两年一次、县级每三年一次的频次。仅在2022年，全国31个省、自治区、直辖市和新疆生产建设兵团各级生态环境部门共组织或参与突发环境事件应急演练1 000余次（不含重污染天气、核与辐射等专项应急演练）。经过多年发展，环境应急演练的重点从最初仅演示"如何处置污染物"转变为演练"事发后的全流程应急响应",演练形式从有脚本逐步向无脚本转变,但演练整体的系统性与完整性以及演练各环节的专业性有待进一步增强。

近 10 年来,广东省环境科学研究院在广东省生态环境厅的指导下,深耕环境风险与应急管理领域,有力支撑了部、省、市、县各级各类突发环境事件应急演练工作。著者结合自身曾举办的突发环境事件应急演练相关案例,提炼演练工作要点,整理归纳过往演练过程中遇到的问题,从应急演练的概念、应急演练的实施、示范性演练、检验性演练、竞赛性演练、"南阳实践"专题演练、企业专题演练等方面作了详细介绍,并提供相关实操案例,可供环境应急管理人员、环境应急专业技术人员及其他相关人员借鉴和参考。受限于著者的能力和知识水平,本书难免有不足之处,敬请广大读者批评指正。

著者

2024 年 1 月

目 录

第 **1** 章

应急演练概述

1.1　演练定义

根据《突发事件应急演练指南》（应急办函〔2009〕62号），应急演练是指各级人民政府及其部门、企事业单位、社会团体等（以下统称演练组织单位）组织相关单位及人员，依据有关应急预案，模拟应对突发事件的活动。换句话说，应急演练是在事先虚拟的事件条件下，公共管理机构或社会组织启动突发事件反应机制和应对系统，组建突发事件应对工作机构并迅速投入运作，制定应对事件的具体方案和组织实施，最终总结评估应对过程并调整和改进后续应对策略与方案的完整过程。应急演练是检验应急管理体系适应性、完备性和有效性的最好方式。定期进行应急演练，可以强化相关人员的警惕性和应急意识，提高快速反应能力和实战水平，发现应急预案和管理体系中的不足。同时，应急演练还可以有效减少真实应急行动中的人为错误，降低事发现场宝贵的响应时间和应急资源的耗费。

应急演练在某种意义上是应急预案的演练，但不完全等同于应急预案演练。一般来说，应急预案是应急演练方案的指导文件，应急预案中规定的工作流程是演练设计方案时需要遵循的内容。因此，应急预案相当于一个资源库，随时准备供有关人员在演练时采用，但在具体实施某个演练方案时，还需制定一些针对此次演练的临时性策划、计划和行动方案。

1.2　演练目的

突发环境事件应急演练是环境应急管理工作的核心环节之一。突发环境事件应急演练能有效减少事件应对过程中出现的不合理行为，提高环境应急管理系统的科学性，最大限度提高相关工作人员应对真实突发事件的实践能力。应急演练作为一种主动行为，在一定程度上成功改变了人们长期以来面对突发环境事件时的被动处境。

1.2.1　提高公众的风险意识

尽管人们可以通过一些渠道获得应对突发事件的技能和知识，但人们往往很难通过描述而直观感受到突发事件所造成的巨大破坏力和震慑力，尤其是无法获得经历真实突发事件的心理状态。开展应急演练，通过模拟真实事件及应急处置过程，能使参与者从直观上、感性上真正认识突发事件，提高对突发事件风险源的警惕性，能促使公众在突发事件尚未发生时增强风险意识，主动学习并掌握应急知识和处置技能，提高自救互救能力，保障生命财产安全。

1.2.2　检验应急预案的可操作性

很多应急预案的制定没有经过突发事件的实践检验，或者应急预案制定后没有根据形势变化进行及时更新，无法适应不断变化的新情况、新问题。通过应急演练，可以发现应急预案中存在的问题，在突发事件发生前暴露预案的缺点，验证预案在应对可能出现的各种意外情况方面所具备的适应性，找出预案需要修改和完善的地方。

1.2.3　增强突发事件应对的能力

应急演练是检验和提高应急能力的一个重要手段。通过组织或参与应急演练，可以提高各相关方面对突发事件的分析研判、决策指挥和组织协调能力。同时，应急演练还可以帮助应急管理人员和各类救援人员熟悉各类事件情况，改善应急组织机构、理顺工作关系，进一步明确相关单位和人员的工作任务，提高应急实战技能。此外，应急演练还可以检验应对突发事件所需应急队伍、物资、装备、技术等方面的准备情况，发现准备不足时及时予以调整补充，做好应急准备工作，从而有助于提高应急响应能力。

1.3　基本要求

应急演练的基本要求包括以下四个方面：一是结合实际、合理定位。应急演练需结合环境应急管理工作实际，明确演练目的，根据资源条件确定演练方式和规模。二是讲求实效、着眼实战。应急演练要以提高应急指挥人员的指挥协调能力、应急队伍的实战能力为着眼点，重视对演练效果及组织工作的评估、考核，总结推广好经验，及时整改存在的问题。三是精心组织、确保安全。应急演练需围绕演练目的，精心策划演练内容，科学设计工作方案，周密组织并严格遵守有关安全措施，确保演练参与人员及演练装备设施的安全。四是统筹规划、厉行节约。统筹规划应急演练活动，适当开展跨地区、跨部门、跨行业的综合性演练，充分利用现有资源，努力提高应急演练效益。

1.4　演练的分类

1.4.1　按组织形式分类

按组织形式划分，应急演练可分为桌面演练和实战演练。桌面演练是指参演人员利用地图、沙盘、流程图、计算机模拟、视频会议等辅助手段，针对事先假定的演练情景，讨论和推演应急决策及现场处置的过程，从而促进相关人员掌握应急预案中所规定的职责和程序，提高指挥决策和协同配合能力。桌面演练通常在室内完成。实战演练是指参演人员利用应急处置涉及的设备和物资，针对事先设置的突发事件情景及其后续的发展情景，通过实际决策、行动和操作，完成真实应急响应的过程，从而检验和提高相关人员的临场组织指挥、队伍调动、应急处置技能和后勤保障等应急能力。实战演练通常在特定场所完成。

1.4.2　按演练内容分类

按演练内容划分，应急演练可分为单项演练和综合演练。单项演练是指只涉及应急预案中特定应急响应功能或现场处置方案中一系列应急响应功能的演练活动，注重针对一个或少数几个参与单位（岗位）的特定环节和功能进行检验。综合演练是指涉及应急预案中多项或全部应急响应功能的演练活动，注重对多个环节和功能进行检验，特别是对不同单位之间应急机制和联合应对能力的检验。

1.4.3　按目的与作用分类

按目的与作用划分，应急演练可分为检验性演练、示范性演练、竞赛性演练和研究性演练。检验性演练是指为检验应急预案的可行性、应急准备的充分性、应急机制的协调性及相关人员的应急处置能力而组织的演练。示范性演练是指向观摩人员展示应急能力或提供示范教学，严格按照应急预案规定开展的表演性演练。竞赛性演练是指为全要素、全方位、实战化考核参赛队伍的环境事件应急处置能力而组织的演练；与检验性演练不同，竞赛性演练更追求考试的公平与公正性。研究性演练是指为研究和解决应急处置过程中遇到的重难点问题，试验新方案、新技术、新装备而组织的演练。不同类型的演练相互组合，可以形成单项桌面演练、综合桌面演练、单项实战演练、综合实战演练、竞赛性单项演练、竞赛性综合演练等。

1.5　演练的相关规定

自 2007 年开始，我国先后制定出台了相关法律法规、应急预案及技术性指南，对应急演练工作提出规范性要求。2024 年新修订的《中华人民共和国突发事件应对法》明确规定"县级以上人民政府应当推动专业应急救援队伍与非专业应急救援队伍联合培训、联合演练，提高合成应急、协同应急的能力。""县级人民政府及其有关部门、乡级人民政府、街道办事处应当组织开展面向社会公众的应急知识宣传普及活动和必要的应急演练。"2006 年 1 月发布的《国家突发公共事件总体应急预案》要求"各地区、各部门要结合实际，有计划、有重点地组织有关部门对相关预案进行演练。"2009 年 9 月，我国出台了《突发事件应急演练指南》，这是国家层面上首次发布的综合性、纲领性演练规范，该指南对应急演练的功能定位、类型划分、组织机构、演练准备、演练实施、评估与总结等方面提出了明确要求。2024 年 1 月，国务院办公厅修订印发了《突发事件应急预案管理办法》，该办法明确规定"应急预案编制单位应当建立应急预案演练制度，通过采取形式多样的方式方法，对应急预案所涉及的单位、人员、装备、设施等组织演练。通过演练发现问题、解决问题，进一步修改完善应急预案。专项应急预案、部门应急预案每 3 年至少进行一次演练。地震、台风、风暴潮、洪涝、山洪、滑坡、泥石流、森林草原火灾等自然灾害易发区域所在地人民政府，重要基础设施和城市供水、供电、供气、供油、供热等生命线工程经营管理单位，矿山、金属冶炼、建筑施工单位和易燃易爆物品、化学品、放射性物品等危险物品生产、经营、使用、储存、运输、废弃处置单位，公共交通工具、公共场所和医院、学校等人员密集场所的经营单位或者管理单位等，应当有针对性地组织开展应急预案演练。"在突发环境事件应急演练方面，《突发环境事件应急管理办法》第十五条规定"突发环境事件应急预案制定单位应当定期开展应急演练，撰写演练评估报告，分析存在问题，并根据演练情况及时修改完善应急预案。"《国家突发环境事件应急预案》（国办函〔2014〕119 号）及各省（自治区、直辖市）、市、区（县）人民政府和生态环境部门应急预案均有相关规定。

第 *2* 章

应急演练实施

应急演练活动的组织与实施过程可以划分为活动策划、活动实施与活动总结三个阶段。

2.1　活动策划

应急演练活动的策划包括以下几个方面。

2.1.1　明确需求

通过调研与座谈，明确举办演练活动的需求，解决为什么要演练、演练什么、希望怎么演练的需求。演练需求可能是为了解决面对的环境风险、改进环境应急预案中待优化之处，抑或满足法律法规或上级主管部门的工作要求。

2.1.2　明确目的

通过调研与座谈，明确演练活动计划提升的某方面应急能力，如响应速度、应急采样、快速检测、信息报送等应急能力，了解清楚当前实际能力与期望能力之间的差距在哪里。当应急能力清单确定后，还要经过讨论，对这些能力进行排序，列出能力提升的优先顺序。

2.1.3 明确组织架构

根据演练实际情况，组织机构一般包括主办单位、承办单位、协办单位、指导单位、参演单位等。以政府的突发环境事件应急预案演练为例，主办单位指本次演练的发起单位，承办单位指本次演练的具体实施单位，协办单位指本次演练实施过程中提供技术支持、协助或赞助的企事业单位，指导单位由发起单位的上级单位担任。企事业单位组织的环境应急演练的主办单位为其自身，可以由当地生态环境部门或第三方技术单位作为指导单位。参演单位是指在整个环境应急演练过程中，根据突发环境事件应急预案职责分工，在事件处置过程中担任一定角色的单位。

2.1.4 明确活动框架

通过调研与座谈，确定演练活动基本框架。演练活动的基本框架主要包括演练事件类型、参演单位的层级、参演人员规模、演练时间范围、演练的经费预算、演练可以调用的人员和其他资源。

（1）演练场景

结合主要环境风险与过往历史事件，考虑活动所演练事件的场景，如安全生产次生突发环境事件、交通事故次生突发环境事件、自然灾害次生突发环境事件、非法排污突发环境事件等；同时需考虑事件可能达到什么级别，是一般突发环境事件、较大突发环境事件、重大突发环境事件，还是特别重大突发环境事件。

（2）时间与地点

考虑演练活动的实施时间与持续时长、演练活动的实施地点与空间范围。

（3）参演单位

明确参演单位的范围和层级，是以主办单位中的某个部门为参与主体，还是以应急预案组织体系中某几个成员单位为参演主体，抑或以跨地域、跨部门的不同系统为参演主体。

2.2　活动实施

2.2.1　制定工作方案

应急演练活动工作方案大致分为以下几部分。

一是明确组织机构。在工作方案中写明主办单位、承办单位、参与单位、观演单位等各类单位的组成。

二是明确演练时间与地点。即写明演练的日期、演练的会场情况，演练活动常常包括一个主会场及多个分会场。场地应根据演练的类型、演练的主体以及参演人数，结合现场踏勘情况而定。同时，针对户外场地应考虑取电、用电的问题，针对河边的场地应考虑枯水期、丰水期的水位情况。

三是演练内容。演练内容包括情景设置、演练基本流程、演练准备与分工。情景可以分为安全生产事故次生突发环境事件、道路交通事故次生突发环境事件、自然灾害次生突发环境事件等，具体需结合活动策划初期交流结果而定。演练基本流程则是根据本次演练主体所使用的突发环境事件应急预案，在预案规定的框架基础上细化。针对细化内容推演准备工作，准备工作可包括每个环节参演人员的数量、演练所需的仪器与药剂、会场的布置、拍摄的机位布置、所需的摄影师人数、机器数量等，并做好分工。

四是活动保障。活动保障包括人员保障、资金保障、物资保障、后勤保障、宣传保障等，均以保障演练活动的顺利举行为目标。

2.2.2　制定工作脚本

脚本是指应急演练活动所依据的底本。脚本既是故事的发展大纲，用以确定故事的发展方向，更是每个参与演练的工作人员的工作指引。脚本按照演练活动的时间顺序进行编写。一是开场，让观摩人员了解本次演练的背景与基本情况；二是演练场景，按照突发环境事件的起因、发展、结束的过程分场景写剧情，每个场景都需要有一个明确的中心主题，围绕这个中心主题进行事件场景的细化，在每个场景中均需列明角色的动作、台词以及配套的工具，以便推动整个事件的发展；三是结束，通过邀请专家点评、领导讲话，使参演人员与观摩人员了解本次演练的优缺点与意义，并视情由演练总指挥或主持人最终宣布演练结束。在脚本中，一般会列出每个场景中每个镜头的时间长度、景别、配文、配乐等详细的信息。

2.2.3 明确组织分工

应急活动的组织分工涉及场地布置、现场拍摄、活动举办、后勤保障、突发应对等多个方面，均需提前考虑好人员的工作分配。工作分配越细，活动当天现场调度越明晰。一般来说，参与单位层级越高、参与单位与人员数量越多、活动时间越长，涉及活动的分工任务也就越多，需要承办方派出的人手越多。

2.2.4 开展演练彩排

按照演练的类型，应急演练活动可能涉及活动彩排。如示范性演练从本质上来说是一场现场演出，对演练当天的表现要求较高，需严格按照应急预案与既定脚本执行，因此示范性演练的彩排必不可少。一般在正式演练前3～5天会有2～3次的彩排，通过彩排使各参演单位与人员熟悉自身任务，同时也有助于主持人与导演、后台工作人员的磨合，避免正式演练出现播出失误。

2.2.5 开展正式演练

正式演练当天要提早对相关人员、设备进行清点，对视频传输系统进行测试；待所有演练人员与观摩人员到齐后，按照既定脚本由主持人或者主办方宣布演练开始；此后由主持人调度整个活动进度，活动举办时要严格监控时间，在前期彩排的基础上根据实际情况进行微调，避免单个环节太过拖沓而影响整体进度，也要避免单个环节进展过快，使观摩人员观看时间不足。一般来讲，如果是示范性演练，要避免事件推进过快、镜头切换过快，影响整体观感；如果是检验性演练，带有考核性质，则要避免单个考核环节超过预定时长太久而影响后续考核任务的开展。

2.3　活动总结

活动总结是指在应急演练活动结束后，对有关工作进行回顾和总结，并进行呈报。如果为系列演练活动，应对每场演练活动进行总结，分析存在的问题并纠正思路，以便更好地实施下一场活动。

第3章

示范性演练

3.1　示范性演练概况

　　示范性演练为当前主流演练模式。从演练情景来看，示范性演练的情景涵盖了企业生产车间或危险废物仓库发生火灾、生产原料泄漏等安全生产事故次生突发环境事件，危险化学品车辆追尾、危险化学品车辆侧翻等交通事故次生突发环境事件，地震、洪水等自然灾害次生突发环境事件以及污染物非法排放造成的突发环境事件等几类。从活动流程来看，示范性演练一般会安排信息报告、协同联动、应急监测、现场抢险、伤员转运、舆情应对和信息公开等环节。从演练范围来看，示范性演练多为跨区域演练活动的首选方式，如 2022 年川滇渝三省（市）长江流域突发生态环境事件应急演练、2022 年嘉陵江川渝跨界突发环境事件应急联合演练、2023 年赣浙突发环境事件应急演练、2023 年京津冀突发水污染事件联合应急演练等活动均属于此类演练。

3.2　常规流程

　　示范性演练活动一般分为以下几部分：①演练活动初要有启动仪式，或者由组织者进行导入性介绍或者背景介绍。②预拍一段突发环境事件短片，在观摩席大屏幕播放，告知前因。③预拍事件的信息报告以及接报后各相关部门启动应急响应的场面，在观摩席大屏幕播放，导入演练气氛。④实时转播事发地现场指挥、会商、处置等情景，现场人员根据演练脚本进行对话和行动，推进演练高潮。组织者可根据现场时长、机器设备的情况进行局部调整。⑤通过预制拍摄片及主持人解说引导，宣布演练结束，并且在演练后邀请主办方或上级指导单位发言，以获得各方反馈。

3.3 示范性演练示例 1

3.3.1 演练场景

*月*日粤桂合作特别试验区广西境内某化工企业柴油存储区管道破裂、围堰坍塌导致柴油发生泄漏。经过企业封堵处置后，仍有柴油泄漏到外环境，最终进入西江。西江江面出现了油污带，西江下游水质可能受到影响。

3.3.2 演练流程和任务

3.3.2.1 启动应急

由于本次突发环境事件属于危险化学品泄漏事件且发生在西江流域，Z市突发环境事件应急指挥部接到上游信息通报后，根据《Z市突发环境事件应急预案》立即启动Ⅱ级响应，并组织生态环境、水务、卫健、水文、海事等部门和应急专家组及第三方环境应急救援机构赶赴现场。

3.3.2.2 信息初报

Z市突发环境事件应急指挥部基于收集到的初步资料，向广东省环境应急管理办公室报告污染事件类型、发生时间与地点、信息来源、污染来源、主要污染物、事件的潜在危害程度、演变趋势、初步判定事故级别、拟采取措施等初步情况。

3.3.2.3 成立现场联合指挥部

根据《Z市与W市环境联防联控合作协议》，联合W市突发环境事件应急指挥部相关人员在 Z 市粤桂联合环境监控预警及应急指挥中心设立现场联合指挥部，组织 Z 市人民政府、F 县人民政府，生态环境、水务、水文、海事、交通、试验区管委会、市委宣传部、卫健、气象等市有关部门及第三方环境应急救援机构赶赴现场，成立现场调查组、专家咨询组、应急监测组、现场处置组、信息管理组等现场应急工作组，并根据《广东省突发事件现场指挥官工作规范（试行）》，指定 Z 市生态环境局领导担任现场指挥官，负责统一组织、指挥各现场应急工作组开展突发环境事件现场应急救援工作。

3.3.2.4 现场调查

现场调查组组织环境监察人员赶赴现场以查看事发原因和污染源控制情况，并出动救援船只与无人机、无人船以沿着西江查看江面油污扩散情况，收集、核实现场应急处置信息，及时向现场指挥官反馈处置进度与相关信息。

3.3.2.5 分析研判

现场联合指挥部在与上游广西方处置现场保持沟通并通过现场调查组实时了解事发源头控制进度的基础上，以专家咨询组为主导，对事件的信息进行综合分析和研究，利用粤桂联合环境监控预警平台和油类污染物扩散模型，根据水上污染物扩散速度和当前气象与流量情况，预测污染物扩散范围，对监测布点、污染源控制与清除、是否需要应急水调度等工作提出指导意见。

3.3.2.6 现场清污

现场处置组通过现场调查组反馈的无人机查看江面油污扩散情况，结合专家咨询组意见，在 Z 市 F 县 F 港口岸附近布设 2 道围油栏，将溢油集结到较小的范围内；调用消防船对溢油围控水域喷洒水雾，降低温度，防止溢油意外起火；社会化救援机构在围油栏上游抛撒吸油毡，并启动吸油机以吸附清除水面油污。

3.3.2.7 应急监测

应急监测组根据现场联合指挥部指令，调配应急监测设备、车辆、船只、无人机、无人船等设备，组织监测人员迅速到达现场，在专家咨询组的指导下制定应急监测方案，布设相应数量的监测点位，对石油类污染物等指标项目开展连续监测，及时报送监测结果。

3.3.2.8　上下游联动

现场调查组勘查后发现在事发地点下游 5 km 附近江面仍可见油污；应急监测组开展采样监测，发现事发地下游多个采样点的石油类污染物浓度超标；专家咨询组利用粤桂联合环境监控预警平台开展污染物扩散预测分析，分析认为如果事发污染源得不到及时控制，污染可能会影响下游云浮、佛山、广州等的取水口。Z 市生态环境局将应急处理处置情况通报云浮、佛山、广州等地生态环境局，并提出开展应急监测和预警的建议。

3.3.2.9　信息续报

基于各现场应急工作组的处理处置情况以及专家咨询组的研判，在查清突发环境事件基本情况后，现场联合指挥部在初报基础上向广东省生态环境厅续报突发环境事件有关情况。

3.3.2.10　响应终止

根据现场情况，布设的围油栏起到了良好的隔离效果；应急监测结果表明围油栏下游石油类污染物指标逐步下降并稳定达标，围油栏内表面浮油通过吸油毡吸附被基本清除；现场调查组通过沿岸、无人机、无人船现场勘查，证明江面已基本无油类漂浮。现场指挥官根据各现场应急工作组报告，结合专家咨询组研判，确认柴油泄漏突发环境事件对西江的威胁已消除，无潜在环境污染风险，并向 Z 市环境应急指挥部报告并建议应急响应终止，并进入后续善后处置工作，组织开展相关设施物资的消洗清理。

3.3.2.11　信息终报与信息发布

本次柴油泄漏突发环境事件的应急响应终止后，由 Z 市生态环境局、W 市生态环境局分别向广东省生态环境厅和广西壮族自治区生态环境厅作突发环境事件终报。

信息管理组及时跟踪事故发展动态，在网络发布事故相关信息，并在事故结束后召开新闻发布会，对事故进行通报，正确引导社会舆论，确保社会稳定。

3.3.3 演练脚本（节选）

序号	场景	参加人员	主要事件	屏幕显示	解说词（台词）
1	人员入场	全体人员	全体人员集中。主持人介绍演练背景、现场观摩领导和嘉宾以及演练小组，宣布演练开始	应急演练标题横幅	—
			演练第一部分：演练背景篇		
2	环境风险防控形势	—	以预录视频方式介绍环境风险防控形势	预录视频内容（略）	预录视频旁白（略）
	粤桂两地合作成果	—	以预录视频方式展示粤桂两地合作成果	预录视频内容（略）	预录视频旁白（略）
			演练第二部分：应急响应篇		
3	事件发生	W市生态环境局、事发企业人员	事件发生	预录视频内容： ①泄漏现场环境概况； ②堵罐泄漏情况； ③企业内部应急救援情况； ④企业上报辖区生态环境局请求支援以及W市生态环境局接报（分屏）	预录视频旁白：2019年6月20日上午9时，粤桂合作特别试验区广西境内某化工企业柴油存储区管道破裂，围堰坍塌导致柴油发生泄漏。事发企业马上启动企业突发环境事件应急预案，并立即组织开展先期处置，对破损管道进行封堵，防止柴油进一步外溢，并封堵雨水排放口。但经企业救援，仍无法将突发环境事件控制在企业内部，已有部分污染物外泄，或造成

续表

序号	场景	参加人员	主要事件	屏幕显示	解说词（台词）
3	事件发生	W市生态环境局、事发企业人员	事件发生	预录视频内容： ①泄漏现场环境概况； ②储罐泄漏情况； ③企业内部应急救援情况； ④企业上报支援以及W市生态环境局接报（分屏）	外环境重大危害，事发企业立即请求W市X区生态环境局支援，X区生态环境局随即报告W市生态环境局。 W市生态环境局：你好，这里是W市生态环境局，请讲。 X区生态环境局：这里是X区生态环境局，今天上午9时，粤桂合作特别试验区内某化工厂内发生大量柴油泄漏事故，目前泄漏点正在封堵，但部分污染物已泄漏到外环境，有流入西江河的风险，现请求贵局支援。 W市生态环境局：收到，我们立即派遣应急救援人员、物资前往现场，请继续开展应急响应救援工作，事故后续情况及时报告，届时配合我方行动。
4	事故上报	Z市人民政府、W市人民政府、广东省生态环境厅、广西壮族自治区生态环境厅、Z市生态环境局、W市生态环境局等	事故上报过程	预录视频内容： ①W市生态环境局向广西壮族自治区生态环境厅与W市人民政府上报事故画面； ②W市生态环境局向Z市生态环境局通报画面； ③Z市生态环境局向广东	预录视频旁白：事发现场位于W市与Z市交界，接报后W市生态环境局立即将情况上报广西壮族自治区生态环境厅与W市人民政府应急办，并通报下游Z市生态环境局。 Z市生态环境局：你好，这里是Z市生态环境局应急办。 W市生态环境局：这里是W市生态环境局

续表

序号	场景	参加人员	主要事件	屏幕显示	解说词（台词）
4	事故上报	Z市人民政府、W市人民政府、广东省生态环境厅、广西壮族自治区生态环境厅、Z市生态环境局、W市生态环境局等	事故上报过程	省生态环境厅与Z市人民政府应急办上报事故，以及向F县人民政府通报事故画面（分屏）；④广西壮族自治区生态环境厅、广东省生态环境厅按联动机制进行会商画面；⑤广西壮族自治区生态环境厅、广东省生态环境厅向生态环境部上报画面（分屏）	局。今天上午9时粤桂合作特别试验区发生一起企业内部突发环境事件，造成大量柴油泄漏。经过现场处置，仍无法将所有污染物控制在厂区内部，有部分柴油将泄漏到外环境，进入西江，并可能对Z市境内流域水质造成影响。我局已安排应急人员赶赴现场，届时能做好西江水环境应急救援工作。同时请贵局也做好西江水环境应急准备，请贵局协助开展应急工作。 Z市生态环境局：收到，事故后续情况请及时通报。 预录视频旁白：Z市生态环境局接到信息通报后，将事件同时上报Z市人民政府与广东省生态环境厅，并启动应急响应流程。由于本次事件为可能造成跨省级行政区域影响的突发环境事件，广西壮族自治区生态环境厅、广东省生态环境厅接报后能立即上报生态环境部。
5	Ⅱ级响应启动	Z市人民政府、W市人民政府	W市人民政府、Z市人民政府分别启动本市突发环境事件应急响应程序	W市突发环境事件应急预案、Z市突发环境事件应急预案案画面	主持人：W市人民政府、Z市人民政府接到信息报告后，根据本市突发环境事件应急预案，分别启动突发环境事件Ⅱ级响应，并分别成立突发环境事件应急指挥部。

续表

序号	场景	参加人员	主要事件	屏幕显示	解说词（台词）
6	源头处置	W市人民政府、广西壮族自治区生态环境厅、Z市生态环境局、W市生态环境局、事发企业人员	以预录视频的方式展示上游现场处置情况	预录视频内容：①救援人员赶赴现场指导救援过程；②污染物扩散现场情况，包括储罐、围堰内、入河口、西江河面等的污染物（考虑以木屑作为污染识别）扩散画面；③调用W市环境应急物资储备库物资的情景、分析画面；④应急采样、分析画面；⑤应急专家对污染团跟踪、污染带推进情况及监测结果进行讨论分析的画面；⑥简拍W市生态环境局向W市人民政府、广西壮族自治区生态环境厅上报并向Z市生态环境局通报画面（分屏）	预录视频旁白：W市突发环境事件Ⅱ级响应启动后，W市人民政府应急办、W市生态环境局组织X区人民政府、粤桂合作特别试验区管委会、海事、水文、水利、气象等相关部门立即赶往事发现场，并组织由生态环境、水利、水文、西江河面等领域的专家组成专家组开展污染源封堵并逐步清除污染物，使得污染源企业实现有效截污控制。W市专家组根据应急监测点位、使得污染源企业实现有效截污控制。W市专家组根据应急监测点位、无人机监测等方案，布设相应监测点，充分运用无人船等采样设备开展应急取样监测，并结合应急监测站实时了解污染物情况。应急监察人员使用随上汽车与空中无人机结合的方式对污染江面进行持续观察，跟踪油类漂浮物扩散情况。应急处置人员在入河口处布设围油栏，并用吸油毡对污染物进行吸附。经现场初步核查，大部分泄漏的柴油仍被控制在企业内部，并已得到有效处置，但仍有约10t部分泄漏到外环境并进入西江。根据W市应急监测结果及现场调查情况，W市生态环境局已通过西江进入广东省境内，W市生态环境局立即同时向W市人民政府、广西壮族自治区生态环境厅上报，并向Z市生态环境局通报。

续表

序号	场景	参加人员	主要事件	屏幕显示	解说词（台词）
7		广东省生态环境厅、Z市人民政府、F县人民政府、Z市生态环境局、Z市水务局、Z市海事局、Z市水文局、W市生态环境局	以预录视频的方式展示Z市突发环境事件应急程序，指挥部启动应急	预录视频内容：①实拍Z市生态环境局同时向Z市突发环境事件应急指挥部与广东省生态环境厅上报画面（分屏）	预录视频旁白：Z市生态环境局将污染事件初步情况及时向Z市突发环境应急指挥部与广东省生态环境厅汇报。Z市生态环境局：经与W市生态环境局沟通核实，本次柴油泄漏事件发生在上午9时，泄漏的柴油通过企业内部雨水管网系统扩散至外环境并进入西江河道，经拦截后预计仍有约10 t柴油进入Z市内的流域，报告完毕，请指示。广东省生态环境厅：立即联系W方面成立联合指挥部，统一组织、指挥各现场应急工作组开展突发环境事件现场应急救援工作，及时汇报最新情况。
8	下游应急	Z市人民政府、F县人民政府、Z市委宣传部、Z市生态环境局、Z市海事局、Z市交通运输局、Z市水务局、Z市卫生健康局、	成立现场联合指挥部与各现场应急工作组	预录视频内容：①简拍W市突发环境事件应急指挥部相关人员出动镜头；②简拍Z市于F县设立现场联合指挥部、Z市委宣传部、生态环境、海事、交通、水务、卫健、气象、水文、试验区管委会等有关部门及第三方环境应急	预录视频旁白：Z市突发环境事件应急指挥部接报后，根据《环境联防联控合作协议》和广东省生态环境厅指示，启动应急程序，联合W市突发环境事件应急指挥部相关人员于F县设立现场联合指挥部，组织F县人民政府、Z市委宣传部、生态环境、海事、交通、水务、卫健、气象、水文、试验区管委会等第三方环境应急救援机构赶往现场，成立现场调查组、专家咨

续表

序号	场景	参加人员	主要事件	屏幕显示	解说词（台词）
8		乙市气象局、乙市水文局、粤桂合作特别试验区管委会等	成立现场联合指挥部与各现场应急工作组	救援机构出动镜头。现场直播内容：实拍现场联合指挥部现场情况	询组、应急监测组、现场处置组、信息管理组等现场应急工作组。主持人：现场指挥官则统一组织、指挥各现场应急工作组开展突发环境事件现场应急救援工作。
9	下游应急	现场指挥官、现场调查组、专家咨询组、应急监测组、现场处置组、信息管理组	突发环境事件救援任务分配	现场直播内容：①现场指挥官向各个现场应急工作组下达命令过程；②现场应急工作组收到命令后出动画面	现场指挥官：现场调查组立即组织有关人员迅速到达现场，调配无人机等设备，了解查看污染状况与污染趋势等，并及时汇报现场情况。现场调查组组长：现场调查组收到！现场指挥官：专家咨询组立即赶往粤桂合作环境监控预警及应急指挥中心，结合水文气象以及污染物扩散情况对突发水环境事件作出评估，为应急监测与处置提供技术支持。专家咨询组组长：专家咨询组收到！现场指挥官：应急监测组结合专家咨询组意见布设应急监测点位，制定应急监测方案，立即派监测人员赶赴现场，利用无人机、无人船等设备开展应急监测。应急监测组组长：应急监测组收到！现场指挥官：现场处置组根据专家咨询组意见，立即组织制定应急处置方案，在下游

续表

序号	场景	参加人员	主要事件	屏幕显示	解说词（台词）
9	下游应急	现场指挥官、现场调查组、专家咨询组、应急监测组、现场处置组、信息管理组	突发环境事件救援任务分配	现场直播内容：①现场指挥官向各个现场应急工作组下达命令过程；②现场应急工作组收到命令后出动画面	布设围油栏，并联合社会化救援机构对污染物进行清除。现场处置组组长：信息管理组收到！现场指挥官：信息管理组实时记录事件发展及处置情况，做好应急救援相关信息的收集与通报，并按规定向相关部门报送信息。信息管理组组长：信息管理组收到！
10		现场指挥官、现场调查组	突发环境事件现场调查	屏幕播放内容：①环境监察人员出发画面（直播）；②沿岸拍摄画面（录播）；③无人机展示及其出发画面（直播）；④无人机拍摄画面（录播）；⑤救援船展示画面（直播）；⑥救援船拍摄画面（录播）；⑦现场调查组信息报送画面（录播）；⑧现场指挥官信息报送画面（直播）	预录视频旁白：现场调查组组织环境监察人员赶赴现场并查看事发原因和现场染源整治情况，收集、核实现场应急处置信息。出动无人机沿着西江查看江面油污扩散情况，发现在事发地点下游附近江面有可见油污，并立即向现场指挥官汇报现场调查情况与相关信息。现场调查组：报告现场指挥官，现场调查组通过船舶沿西江下游勘查，发现事发地下游附近江面有可见油污，扩散距离约2 km，报告完毕！现场指挥官：收到，请持续观察污染物扩散情况。

突发环境事件应急演练实用技术

续表

序号	场景	参加人员	主要事件	屏幕显示	解说词（台词）
11	下游应急	现场联合指挥部、现场指挥官、专家咨询组	突发环境事件分析研判	录播内容：①专家咨询组分析研判画面（Z市生态环境局、Z市应急办、Z市水务局、Z市气象局、Z市水文局）；②粤桂联合环境监控预警平台和油类污染物扩散模型展示；③自动监测站画面	预录视频旁白：现场联合指挥部在与上游广西处置现场保持沟通并通过现场调查组实时了解事件发源头控制进度的基础上，对事件的信息进行综合分析和研究，利用粤桂联合环境监测预报专家咨询组为主导，利用粤桂和油类污染物扩散模型，根据水上污染物扩散速度和当前气象与流量情况，警平台和油类环境监控预警预测污染物扩散范围，对监测布点、污染源控制与清除，围油栏布控区域的设置是否需要应急水调度等提出指导意见。
12		现场指挥官、现场处置组、应急监测组	突发环境事件现场处置与应急监测	现场直播（录播）内容：①任务下达画面；②根据专家咨询组建议和现场联合指挥部指令，初步拟定污染清除方案［Z海事局、F县人民政府、Z市生态环境局、粤桂合作特别试验区管委会］；③船只的展示及其出动画面；④布设围油栏截污、清污（Z海事局、无人机、船只、岸上多角度拍摄）画面；⑤应急救援沿岸区域实施	主持人：现场处置组通过现场调查组反馈的无人机查看江面油污扩散情况，联合第三方社会化救援机构，根据现场咨询组建议和现场联合指挥部指令，初步设置4支处分队对扩散溢油开展现场处置。现场处置组组长：请一分队派遣船只在事发地下游3 km处Z市F县F港口岸对污水域布设围油栏，对溢油进行围控。请二分队在两道围道围油栏未能拦截的污染物，通过船只抛撒吸油毡，对于少量未能拦截的污染物，追后利用船只回收溢油棉毡吸附。请三分队组织第三方联合社会化救援机构以及F县组织的志愿者，利用吸油棉毡等物资与

续表

序号	场景	参加人员	主要事件	屏幕显示	解说词（台词）
				警戒和交通管制（乙市交通运输局）（录播）； ⑥沿岸清理附着油污画面； ⑦利用船只应急采样画面； ⑧利用无人机应急采样画面； ⑨无人船的展示及其应急采样画面； ⑩下游集中式饮用水水源取水口、出水口应急采样画面； ⑪应急监测车的展示及其监测过程画面	工具，对附着于沿岸的溢油应急救援区域进行吸附。 请四分队在水上及沿岸救援区域实施警戒和交通管制。 主持人：应急监测组根据现场指挥官指令，调配应急监测设备、车辆、船只、组织监测人员迅速到达现场，结合现场调查组反馈信息布设相应应急监测点位，并派遣 4 支监测分队分别开展应急监测。 应急监测组组长：一分队利用无人机，对事发地上游两市交界处两处断面进行应急采样。 二分队利用快艇，对上游支流入口和事发地下游 1 km 处两个断面进行应急采样。 三分队利用无人船，对事发地下游 3 km 和下游 5 km 处两个断面进行应急采样。 四分队会同卫健部门，对下游集中式饮用水水源取水口和出水口进行应急采样。 各分队采样完毕后，利用应急监测车对污染物指标项目开展应急监测分析，并及时报送监测结果。 主持人：（看到录播画面抢无人船）各分队
12	下游应急	现场指挥官、现场处置组、应急监测组	突发环境事件现场处置与应急监测		

23

续表

序号	场景	参加人员	主要事件	屏幕显示	解说词（台词）
					按照应急监测方案，利用无人机、快艇、车辆等应急采样设备，分别对事发地上下游5个应急监测断面进行采样，将样品送到应急监测车作检测分析，无人船则根据卫星自主定位到设定的两个应急监测断面并进行采样监测，监测数据实时回传到应急监测车。 主持人：各分队按照溢油污染清除方案的要求，出动了乙市水上溢油应急设备库船（洁航01），拖轮以及锚艇共5艘船只，其中应急设备库船内装备有围油栏1 500 m、吸油围油栏500 m、吸油毡1 t，配合拖轮与锚艇在F港口对开水域布设两道宽度为400 m的围油栏以拦截污染物，并在围油栏上游抛撒吸油毡以吸附污染物。
12	下游应急	现场指挥官、现场处置组、应急监测组	突发环境事件现场处置与应急监测	现场直播内容： ①信息报送画面：	主持人：（注意视频播放进度）现场处置工作正在有条不紊地进行中，向现场处置组组长根据应急处置情况，向现场指挥官汇报应急处置进展情况。 现场处置组组长报告现场指挥官：围油栏已布设完毕，正对拦截的污染物进行吸附，报告完毕！ 现场指挥官：收到，请继续开展现场清污工作。

续表

序号	场景	参加人员	主要事件	屏幕显示	解说词（台词）
13	下游应急	现场指挥部、应急监测组	突发环境事件应急监测结果报送	现场直播内容：①信息报送画面	主持人：（分析人员将监测报告送到组长处后，主持人说以下内容）获取监测结果后，应急监测组组长立即向现场指挥官报告各采样点的水质监测情况。 应急监测组组长：报告现场指挥官，结合专家咨询组的意见，已对事发地上下游进行石油类项目应急监测，其中事发地下游 3 km 内多个采样点石油类污染物浓度超标。根据卫健部门反馈的情况，下游集中式饮用水水源出水口水质暂未发现异常；根据水文部门提供的信息，目前西江的流速约为 4.5 m/s，水位约 10 m，流量约 13 000 m³/s，污染物扩散速度与流速相当。报告完毕！ 现场指挥官：收到，请持续开展应急监测工作。
14	信息报送	现场联合指挥部、专家咨询组、Y 市生态环境局、F 市生态环境局、G 市生态环境局	上下游联动	录播内容：①实景拍摄画面（无人机、无人船、船只、岸上拍摄）；②粤桂联动环境监控预警平台污染物扩散预测分析画面	预录视频旁白：专家咨询组利用粤桂联合环境监控预警及应急指挥中心的业务应用平台，通过油类污染物扩散模型预测分析，显示污染物扩散范围可能会延伸至下游地市，专家咨询组立即向现场联合指挥部汇报情况。

续表

序号	场景	参加人员	主要事件	屏幕显示	解说词（台词）
				过程（Z市生态环境局、Z市应急办、Z市水务局、Z市气象局、Z市水文局）；③录播专家咨询组汇报画面；④录播上下游联动画面（分屏）。	专家咨询组：报告现场联合指挥部，现场调查组勘查发现在事发地点下游5 km附近江面仍可见油污，根据应急监测组采样监测结果，事发地下游多个采样点石油类污染物浓度超标，我们利用粤桂联合环境监控预警平台开展污染扩散源预测分析，分析认为如果事发污染源得不到及时控制，污染可能影响下游Y市、F市、G市等的取水口，建议向下游Y市、F市、G市等地市通报情况。 现场联合指挥部：收到，请Z市生态环境局将应急处置情况通报Y市、F市、G市生态环境局，并提出开展应急监测和预警的建议。
14	信息报送	现场联合指挥部、专家咨询组、Y市生态环境局、F市生态环境局、G市生态环境局	上下游联动		信息管理组：你好，这里是Z市生态环境局，今天上午9时于粤桂合作特别试验区W市境内发生一起广西壮族自治区W市境内发生一起柴油泄漏事件，造成约10 t柴油泄漏进入西江，目前我们正在开展应急处置工作，在西江设了两道围油栏，并利用吸油毡等开展处置。根据目前形势，污染可能影响下游的取水口，现向你们通报上述情况，并建议开展监测和预警工作。 沿河下游地市生态环境局（同时）：收到，请及时通报最新动态。

续表

序号	场景	参加人员	主要事件	屏幕显示	解说词（台词）
15	信息报送	广东省生态环境厅、信息管理组	信息续报	直播内容： ①信息续报画面	主持人：基于各现场应急工作组的处置研判，在查清突发环境事件基本情况后，信息管理组在初报基础上向广东省生态环境厅续报突发环境事件有关情况。 信息管理组：报告省环境应急管理办公室，我方已在事发地下游 3 km 处布设两道围油栏，组织专业船只在围油栏上游抛撒吸油毡以吸附油污，并启用了无人机和无人船参与现场监测。根据现场处置情况，应急监测结果，目前处置工作进展顺利，油污已逐步消除，专家咨询组分析少量未被拦截的污染物可能对下游 Y 市、F 市、G 市等取水口产生影响情况，我们已向三地市生态环境局通报采样监测和预警情况，报告完毕！ 广东省生态环境厅：了解，请继续开展应急救援工作，并及时汇报最新情况。
16	响应终止	现场处置组、应急监测组、现场调查组、专家咨询组	应急处置完成	录播内容： ①实拍现场处置实况（无人机、无人船、船只、岸上拍摄）	主持人：根据现场情况，布设的围油栏起到了良好的隔离效果，根据应急监测结果，围油栏下游石油类污染物指标逐步下降并稳定达标，通过吸油毡吸附清除围油栏内表面浮油，现场调查组通过沿岸和无人机勘查，发现江面已基本无油类漂浮。各个现场应急工作组分别向现场指挥部汇报现场情况。

续表

序号	场景	参加人员	主要事件	屏幕显示	解说词（台词）
17	响应终止	现场处置组、应急监测组、现场调查组、专家咨询组	应急处置完成	现场直播内容：①实拍信息报送画面	现场指挥官：各小组报告处置进展情况！ 现场调查组：现场调查组报告现场指挥官，事发企业源头污染已得到有效控制，目前已没有污染物外流进入西江，上游污染已完成清理，报告完毕！ 现场处置组：现场处置组报告现场指挥官，西江下游江面周围油栏以及拦截的污染物已利用吸油毡吸附完毕，未能拦截的污染物也通过船只回溯并利用吸油毡吸附完毕，未发现污染物向下游扩散，吸满油污的吸油毡已逐一打捞上船并进行回收作无害化处理，报告完毕！ 应急监测组：应急监测组报告现场指挥官，围油栏上游石油类污染物指标逐步下降并稳定达标，围油栏下游石油类污染物稳定达标，事故未波及下游集中式饮用水水源取水口，报告完毕！ 现场调查组：现场调查组报告现场指挥官，调查人员与空中无人机的持续观察，发现江面油类漂浮物质已基本清除完毕，报告完毕！ 专家咨询组：专家咨询组报告现场指挥官，

续表

序号	场景	参加人员	主要事件	屏幕显示	解说词（台词）
17		现场处置组、应急监测组、现场调查组、专家咨询组	应急处置完成	现场直播内容： ①实拍信息报送画面	在各应急队伍的不懈努力下，应急处置工作取得明显成效。我们根据现场情况与监测数据，确认柴油泄漏突发环境事件对西江的威胁已消除，无潜在环境污染风险。建议立即组织开展相关设施、物资和参与应急人员的消洗清理，报告完毕！
18	响应终止	现场指挥官、广东省生态环境厅、广西壮族自治区生态环境厅、W市生态环境局、Z市生态环境局、信息管理组	应急响应终止	现场直播（录播）内容： ①现场指挥官向现场联合指挥部报告应急处置终止、应急响应终止（直播）； ②现场联合指挥部画面（录播）	主持人：现场指挥官根据各现场应急工作组汇报内容，结合专家咨询组的意见，经过广东省、广西壮族自治区应急队伍的不懈努力，应急处置工作取得明显成效，我们根据各应急处置小组汇报情况，结合专家咨询研判，确认柴油泄漏突发环境事件对西江的威胁已消除，无潜在环境污染风险，建议终止应急响应，并进入后续处置工作，组织开展相关设施、物资的消洗清理，报告完毕！ 现场联合指挥部：收到，同意终止应急响应！（声音） 现场联合指挥部：收到，同意终止应急响应！（声音）

续表

序号	场景	参加人员	主要事件	屏幕显示	解说词（台词）
19	响应终止	现场指挥官，广东省生态环境厅，广西壮族自治区生态环境厅，W市生态环境局，Z市生态环境局，信息管理组	应急响应终止	录播内容： ①实拍清理善后画面	主持人：本次柴油泄漏引发突发环境事件的应急响应终止后，相关善后处置工作正有条不紊地展开。现场调查组将无人机等设备回收，现场处置组则回收围油栏、吸油毡等应急物资，应急监测组继续组对事发地下游水体进行持续监测。
20			信息终报	现场直播（录播）内容： ①信息报送画面； ②录播广东省生态环境厅声音、画面	主持人：应急响应终止后，信息管理组向广东省生态环境厅作突发环境事件终报。 信息管理组：报告省环境应急管理办公室，本次柴油泄漏事件应急处置完毕，现已进入启动善后处置阶段。本次事件出动了应急船只、应急车辆，无人机和无人船以及围油栏和吸油毡等应急物资与设备，设置了7个应急监测断面共21个取样点。本次事件未对下游饮用水水源取水口造成威胁，未启动应急调水措施，事件未造成鱼死现象。内部两名员工受伤，未发现死鱼现象。下一步我们将组织相关单位对本次突发环境事件开展环境污染损害评估，并依法追究肇事企业的责任。 广东省生态环境厅：请对本次事件做好总结，及时对外发布事件情况。

续表

序号	场景	参加人员	主要事件	屏幕显示	解说词（台词）
				演练第三部分：演练总结篇	
21	结束阶段	Z市人民政府、Z市委宣传部、Z市生态环境局	信息发布	录播内容：①实拍信息发布画面（户外屏幕）	主持人：信息管理组及时跟踪事件发展动态，在网络发布相关信息，对事件进行通报，正确引导社会舆论。结束后召开新闻发布会，确保社会稳定。 新闻发言人：各位新闻媒体记者，现在发布一份突发环境事件通报。今天上午9时，粤桂合作特别试验区广西境内某化工企业管道破裂，围堰射塌导致柴油泄漏，约10 t柴油泄漏进入西江（F县人民政府副县长在F县人民政府召开新闻发布会，覆盖标黄字）。为及时控制污染物扩散，确保西江水环境安全，W市和Z市两市建立了现场联合指挥部，组织各相关部门和应急人员及时有效地开展了应急处置。 经过约两个小时的救援处置，污染物已基本清除，根据连续监测数据，事发段及下游饮用水水源取水质量已稳定达标，污染物未对下游区域水质造成影响，受影响区域不涉及鱼类养殖企业，西江内也没有发现死鱼现象。本次发布会结束，谢谢大家！

续表

序号	场景	参加人员	主要事件	屏幕显示	解说词（台词）
22	结束阶段	Z市人民政府、Z市委宣传部、Z市生态环境局	宣布应急演练结束	现场直播内容：①实拍信息发布画面	主持人：有请现场指挥官向总指挥报告。 现场指挥官：报告总指挥，＊年西江流域粤桂合作突发环境事件应急演练完毕，请指示！ 总指挥：我宣布＊年西江流域粤桂合作突发环境事件应急演练圆满结束！
23	现场点评阶段	全体人员	现场点评	应急演练标题横幅	

3.4 示范性演练示例 2

3.4.1 演练场景

*月*日，A市某五金制品有限公司（以下简称A公司）电线老化破损导致电解槽设施短路起火，在消防过程中消防废水与电解槽中的电解液混合，产生了大量的事故废水，由于企业事故应急池已被占用，事故废水无处收集而漫流至厂房外、进入雨水管网。企业雨水总排放口阀门因转轮锈蚀而无法关闭，虽然紧急向雨水总排放口内布置了沙包进行拦截，但仍有一部分事故废水流入C河。事故发生后，A公司相关负责人第一时间通报了区生态环境局，最终在区生态环境局、区应急局等单位的共同努力下，成功将污染物控制在C河段并完成处置，未污染下游PJ河。

3.4.2 演练流程和任务

3.4.2.1 企业响应

启动企业内部应急预案，关闭雨水总排放口阀门失败后，紧急改用沙包封堵，并将相关情况上报区生态环境局。

3.4.2.2 信息接报

区生态环境局接报后，立即上报A市生态环境局及区人民政府，并及时派出应急人员赶赴现场，迅速开展现场勘查工作。

3.4.2.3 应急响应

区突发环境事件应急指挥部立即组织各单位成员和专家分析研判，对突发环境事件影响及其发展趋势进行综合评估，由区指挥部总指挥决定启动Ⅳ级应急响应，成立现场应急指挥部，向各有关单位及可能涉及的镇街发布启动相关应急程序的命令。

3.4.2.4 应急处置

先期处置：派出消防救援车辆和指挥车辆到现场进行火灾扑救。建立现场警戒区和交通管制区域。关闭涉事企业雨水总排放口，采用沙包、气囊等物资对消防废水进行堵截，防止其通过雨水管道进一步排入 C 河。

拦截：在 C 河河道较窄处设置临时拦截设施，防止污染物向下游扩散。

降解（吸附）：在桥梁及跌水坝处向水体投放药剂，快速有效降低水体污染物浓度，及时对吸附污染物的吸附材料进行打捞处理。

调蓄稀释：调节上游水库溢流出口，事件发生时拦截溢流出口，防止下游废水量增大，减轻下游拦截压力。应急处置结束后打开出口，稀释污染物。

应急采样与监测：开展多个断面及关键点位的现场应急采样与监测工作。

3.4.2.5　响应结束

根据各救援组的报告，火灾已扑灭，泄漏危机已解除，受伤人员已送医院救治、无生命危险，水体水质检测正常，现场应急指挥部宣布结束应急响应，后续撤离应急力量和工作人员，并做好后续工作。

3.4.3　演练脚本（节选）

序号	时长	演练阶段	主要内容	角色	台词	大屏显示内容
1	3 s	演练开始			大字幕：一、事件发生	
2	30 s	事件发生	事件发生	车间工人（甲、乙）	9 月 18 日下午 3 时左右，A 市 A 公司 A 区，工人来到闲置车间检查消防物资。 工人乙：你有没有闻到有股烧焦的味道？ 工人甲：好像是有点儿，那我们去看看。 （工人甲、工人乙巡逻，发现有浓烟冒出） 工人乙：不好，你看这烟，车间着火了。 工人甲：是地上的塑料垫和硫水板烧起来了，赶快去拿灭火器扑灭火源。 （工人甲、工人乙戴着防毒面具，尝试用灭火器扑灭火源） 工人乙：不行，这火太大了，我们先逃出去吧。 工人甲：我去通知其他工人，你赶紧把情况报告给领班。 （工人甲按下了消防报警铃）	从 A 公司大门画面切换至车间内画面；两名工人交流与巡逻画面
3	30 s	事件发生	事件发生	工人乙、领班	工人向领班汇报火灾情况，领班立即组织车间工人撤离现场	现场工人发现起火后立即赶往车间办公室向领班汇报；工人乙、工人乙组织人员疏散、撤离现场

35

续表

序号	时长	演练阶段	主要内容	角色	台词	大屏显示内容
4	20 s	事件发生	事件发生	领班、经理	领班同时向经理报告了火灾情况，经理收到后立即启动企业突发环境事件应急预案，向消防请求支援，并向属地政府上报事故情况	领班向经理汇报火灾情况，经理作出下一步行动的指示
5	30 s	事件发生	请求消防支援、上报事故情况	通信联络组工作人员	我这边是A公司，我们公司车间发生火灾，但火势仍在蔓延，请求支援，地址是……	疏散警戒组人员在公司大门处拉起警戒带，通信联络组拨打119请求消防支援，拨打H镇政府值班室电话以上报事故情况
6	10 s	先期处置	属地政府接报	镇政府值班室人员	收到，我们立刻前往	镇政府值班室接到企业上报事故情况
7	2 min	先期处置	消防车和救护车到达现场	消防员、医护人员	—	消防车辆出发、途中、进入企业大门口画面（厂区门口），消防员灭火画面（停车场）；救护车进入企业大门画面（厂区门口），医护人员救护受伤人员画面（厂区）
8	1 min	先期处置	属地政府与第三方救援单位抵达现场	镇政府人员、第三方救援单位人员	—	镇政府工作人员出发画面、到达画面，第三方救援单到达企业画面，第三方救援单位搬运应急物资画面

续表

序号	时长	演练阶段	主要内容	角色	台词	大屏显示内容
9	30 s	先期处置	封堵雨水管网	第三方救援单位人员	—	工作人员迅速在雨水明沟上方连续铺设多块雨水井保护垫；工作人员打开雨水井井盖，将气囊安置在雨水管网内
10	30 s	事件发生	向区应急管理局与区生态环境局上报事故情况	镇政府接线员、分局接线员	镇政府接线员：这里是镇政府，我们镇 A 市 A 公司车间发生火灾，有部分消防废水混合电镀液流出厂外，进入 C 河，请求区生态环境局支援。分局接线员：收到，请密切关注污染物扩散情况，我立即向上级领导汇报	经理致电区生态环境局，汇报此次事故情况
11	3 s	事件报告			大字幕：二、事件报告	
12	30 s	事件报告	对外请求支援	分局领导	报告 A 市生态环境局，我是区生态环境局。今天下午 3 时左右，我局接到镇政府的报告，称 A 市 A 公司厂区车间发生火灾，已有部分消防废水混合电镀液流出厂外，进入 C 河，污染物有进一步扩散至 PJ 河的风险	B 区生态环境局出发场景；分局工作人员通过电话向市局与区人民政府进行信息报送
13	30 s	事件报告	对外请求支援	分局领导	报告区人民政府办公室，我是区生态环境局。今天下午 3 时左右，A 公司厂内发生火灾，部分消防废水混合电镀液流出厂外，进入 C 河，有进一步污染下游 PJ 河的可能，请指示	

序号	时长	演练阶段	主要内容	角色	台词	大屏显示内容
14	3 s	应急响应			大字幕：三、应急响应	
15	30 s	应急响应	成立现场应急指挥部	主持人	按照《A市B区突发环境事件应急预案》，B区突发环境事件应急指挥部立即响应，由区人民政府分管副区长担任总指挥，区人民政府办公室、镇政府、区应急管理局、区生态环境局相关领导担任副总指挥。同时成立现场指挥部，由区生态环境局分管领导同志担任现场指挥长，负责决定、优化现场应急处置方案，组织有关单位参与现场应急处置，指挥、调度现场处置力量	区人民政府启动突发环境事件应急预案，成立现场应急指挥部
16	1 min 30 s	应急响应	开展应急处置	主持人	在区突发环境事件应急指挥部的指挥下，相关部门组成污染处置组、专家咨询组、应急监测组、医学救援组、应急保障组、调查处理组、新闻宣传组、区应急管理局、区生态环境局、区应急管理局工作组。其中，污染处置组由镇政府、区生态环境局、区水务局、区气象局组成，负责开展现场事故污染物处置工作。专家咨询组由区应急管理局、区生态环境局、区水务局、区气象局组成，负责研判环境污染事件发展趋势，给出污染处置方案。应急监测组由区生态环境局、区水务局、区气象局...	分局应急执法车辆进入企业大门画面。应急监测车辆进入企业大门画面，应急监测人员选点分析监测断面选点。警车进入企业大门画面。区水务局人员出发画面。区发改局人员出发画面。区气象局人员出发画面。区应急管理局人员出发画面

续表

序号	时长	演练阶段	主要内容	角色	台词	大屏显示内容
16	1 min 30 s	应急响应	开展应急处置	主持人	组成，负责开展断面应急监测采样，及时报告应急监测结果。医学救援组由区卫健局、应急保障局组成，负责组织开展防病治、应急心理援助、医疗救治。应急保障组由区发改局、镇政府、区生态环境局组成。负责组织做好环境应急救援物资的紧急调拨和配送工作。调查处理组由区应急管理局、镇政府、区公安分局、区消防救援大队组成，负责调查事件发生原因。新闻宣传组由区委宣传部、镇政府、区生态环境局组成，负责制定新闻发布方案，及时向市有关部门上报信息，正确引导舆论，澄清不实信息。	分局应急执法车辆进入企业大门画面。应急监测车辆进入企业大门画面、应急监测断面选点。画面，应急监测人员讨论分析监测断面选点。警车进入企业大门画面。区水务局人员出发画面。区发改局人员出发画面。区气象局人员出发画面。区应急管理局人员出发画面
17	5 s	应急响应	确认分工	主持人	接下来由本次演练的现场指挥长为各工作组分配任务	大字幕：工作组分工
18	1 min	应急响应	确认分工	现场指挥长	请污染处置组前往事故现场，企业下游周边区域进行勘查，寻找适合用于开展处置工作的应急空间与设施。请专家咨询组根据此次事故产生的污染物性质，结合污染处置组提供的勘查信息，制定应急处置方案，同时指导应急监测组制定监测方案。	大字幕：工作组分工

续表

序号	时长	演练阶段	主要内容	角色	台词	大屏显示内容
18	1 min	应急响应	确认分工	现场指挥长	请应急监测组结合专家意见与区气象局提供的气象数据制定监测方案，同步将监测方案提交给新闻宣传组，用于编写信息续报。 请应急保障组配合污染处置组，做好应急救援物资的紧急调拨与配送。 请新闻宣传组立即将事故现状编写成信息初报，上报有关部门，同时向群众公布事故情况，澄清不实消息。	大字幕：工作组分工
19	1 min	应急响应	确定处置方案	主持人	污染处置组工作人员利用无人机对事故现场现状进行巡线检查。经过区应急管理局、区生态环境局、区水务局的专家共同研判，明确了事故废水中的主要污染物为盐酸、硫酸、重金属铜离子，应急处置方案定为以下三步： 第一步：利用潜水泵将事故应急池内的事故废水转移至污水处理站，在企业雨水总排放口上游约100 m处设置污水监测断面，对上游水质进行监测。 第二步：关闭跌水坝B1处的闸板，并在上游河段喷洒酸碱中和药剂与重金属离子捕捉药剂，待药剂充分反应后，打捞河床底部生成的重金属矾花，并进行水质监测。 第三步：在跌水坝B2处布置两道重金属拦截格栅，吸附河水中可能残留的重金属离子，并对下游的水质进行监测	飞手操控无人机从地面起飞；飞行路线为企业→跌水坝B1→跌水坝B2，不同地点之间的飞行镜头加速播放

续表

序号	时长	演练阶段	主要内容	角色	台词	大屏显示内容
20	10 s	应急响应	转播现场	主持人	接下来我们将画面切换至处置现场	大字幕：处置现场
21	30 s	应急响应	汇报方案	污染处置组组长	报告指挥部，污染处置组已到达现场，经与专家现场讨论，形成以下处置方案。一是转移应急池内的事故废水，为收集的消防废水腾出容积；二是对C河河水进行拦截投药处理，消除水体中的污染物；三是铺设吸附栏以对处理后的水进行再度净化，同步加快对C河下游水质的监测速度。请现场指挥长指示	污染处置组组长正对镜头汇报处置方案
22	10 s	应急响应	下达指示	现场指挥长	同意执行，请应急保障组配合污染处置组，及时调配开展应急处置工作所需的物资	污染处置组组长保持面对镜头的画面，领导下达指令后立即切换下段视频
23	2 s	应急处置	进行处置	主持人	现在进行第一步处置环节	
24	10 s	应急处置	封堵雨水管网	污染处置组	在区应急指挥部的指挥下，应急处置组立即开展污染水转移至事故废水处理站工作。利用潜水泵将事故池内的污水转移至污水处理站	工人将事故应急池内的污水通过潜水泵转移至污水处理站
25	1 min	应急处置	拦截河水	污染处置组、主持人	主持人：现在进行第二步处置环节。污染处置组正在关闭跨水坝的泄水闸，增强拦截效果	在污染处置组组长的指挥下，污染处置组将跨水坝的泄水闸板放下，并在闸用板后方堆放适量沙包

续表

序号	时长	演练阶段	主要内容	角色	台词	大屏显示内容
26	2 min	应急处置	投药处置	污染处置组、主持人	主持人：受污染水体中的主要污染物为盐酸、硫酸和重金属铜离子。在区发改委至事故管理局的协助下，应急处置车已派送至事故现场，污染处置组正利用应急处置车上的投药装置向河水喷洒含硫酸钠的碱性溶液，同时投加明矾，絮凝沉淀，去除铜离子	在污染处置组组长的指挥下，污染处置组在河道一侧停放了应急处置车，向河水中喷洒药剂
27	1 min	应急处置	铲除污泥	污染处置组、主持人	主持人：经投加药剂后，C河受污染水体中的无机酸已经得到中和，重金属铜离子转化为硫化铜固体，以矾花的形式沉淀于河床底部。污染处置组正在利用长杆网兜搅拌河水以加快药剂与污染物的反应速率，同时打捞河底沉降的含铜矾花	污染处置组利用长杆网兜搅拌河水，加速药剂反应沉淀，同时打捞河水中的含铜矾花
28	1 min	应急处置	应急监测	应急监测组、主持人	主持人：应急监测组正在对处理后的河水进行采样与快速检测。监测因子主要包括COD、pH、悬浮物、铜离子、氰化物等。处理后的河水水质监测结果接近达标，经专家研判，可通过C河上游河道开闸泄水，稀释河水中残余污染物	应急监测组对处理后的河水进行采样与快速检测
29	2 min	应急处置	处置完毕，开闸放水	应急监测组、污染处置组组长、上游水库管理员	污染处置组组长：我是污染处置组组长，我们已经完成了对C河污染水体的应急处置工作，目前河水中各项污染物监测数据接近达标，请求河道开闸泄水，水稀释河水中残余的污染物。上游水库管理员：收到，现在立即泄水。（开闸放水）	应急监测人员填写监测数据表格；污染处置组组长确认河水已经接近达标，电话联系上游水库管理处，请求水库开闸泄水

续表

序号	时长	演练阶段	主要内容	角色	台词	大屏显示内容
30	5 s	应急处置	切换画面	主持人	现在进行第三步处置环节	大字幕：处置现场
31	4 min	应急处置	布置重金属拦截格栅	污染处置组、主持人	主持人：污染处置组正在布置重金属拦截格栅，利用活性炭吸附能力强的特点将 C 河中残余的污染物及重金属离子吸附至格栅中	先从河岸处从上游拍至下游拍摄河床情况，再跟随污染处置组扛摄重金属拦截格栅的画面、搬运与布置画面
32	1 min	应急处置	应急监测	应急监测组、主持人	主持人：现在应急监测组正在对处置完毕后的河水进行采样与快速检测	应急监测组对重金属拦截格栅下游的河水进行采样与快速检测
33	20 s	汇报结果	处置结果汇报	污染处置组	污染处置组：报告现场指挥长，我是污染处置组，C 河内受污染河水已经基本处置完毕，企业内后续产生的消防废水均收集至事故应急池日用槽车转移至附近污水处理厂进行后续处理，以上，报告完毕	大字幕：污染处置组报现场污染物处置情况
34	10 s	汇报结果	下达指示	现场指挥长	收到，请继续观察企业雨水总排放口情况，防止消防废水再次泄漏至外环境	—
35	1 min 20 s	汇报结果	监测结果汇报	应急监测组组长	应急监测组长：报告现场指挥长，我是应急监测组，我组结合专家意见已对 C 河企业雨水总排放口上游约 100 m，企业雨水总排放口及其下游 100 m，300 m、1 000 m、2 000 m、3 000 m、4 000 m C 河汇入 PJ 河处进行了水质快速检测。	应急监测组报告各采样点水质监测情况

续表

序号	时长	演练阶段	主要内容	角色	台词	大屏显示内容
35	1 min 20 s	汇报结果	监测结果汇报	应急监测组组长	今日下午 4 时，我们进行了各断面的第一次采样与快速检测，经检测，企业雨水总排放口及其下游 100 m、300 m 处均测得 pH 与铜离子超出地表水 III 类水质标准；下午 6 时进行第二次采样，测得下游 300 m、1 000 m 处均达到地表水 III 类水质标准。同时，根据走航车监测数据，大气中的颗粒物、氯化氢、硫酸雾、氮氧化物等未出现异常。以上，报告完毕。	应急监测组报告各采样点水质监测情况
36	10 s	汇报结果	下达指示	现场指挥长	收到，请新闻宣传组将监测数据结合监测方案编制成信息续报，立刻报送市生态环境局。	
37	10 s	最终汇报	汇报后期处置情况	各工作组组长	事件发生 12 h 以后，A 市 A 公司的火灾事件已进入处置后期，各应急工作组向现场应急指挥部汇报最新情况	大字幕：事件发生 12 h 后……各应急工作组汇报现场最新情况
38	1 min	最终汇报	结束响应	总指挥	经研判，应急处置工作已经取得显著成效，事故废水对 PJ 河的威胁已经消除，无潜在风险，此次应急响应应现在终止	大字幕：B 区突发环境事件应急指挥部同意终止应急响应
39	30 s	人员集合	结束响应	主持人	根据现场应急工作报告，本次事件污染物已得到有效控制，未对 PJ 河造成影响。本次演练主要环节已全部展示完毕	大字幕：演练总结与点评

续表

序号	时长	演练阶段	主要内容	角色	台词	大屏显示内容
40	2 min	总结与点评	专家点评	主持人、专家	接下来有请应急专家×××为此次演练进行点评	大字幕：演练总结与点评
41	4 min	总结与点评	领导总结	主持人、总指挥与副总指挥	感谢×××的精彩点评，接下来有请×××为此次演练进行总结	大字幕：演练总结与点评
42	2 min	演练结束	撤离会场	主持人	主持人安排所有参演人员有序散场	大字幕：演练结束

3.5   注意事项

在实施示范性演练时，最重要的是选好主会场，优先选择视野开阔、可供观众近距离观看现场处置的地方。虽然演练主会场可以选在会议室，并通过信号传输将外场的处置画面输送到会议室，但突发环境事件现场处置（如监测、铺设围油栏等）是动作较慢的过程，受限于摄像机位、现场收音等因素，可能几分钟到十几分钟均停留在同一画面，现场细节缺失，观感较为单一。而将主会场选在处置动作最多、观赏性最强的第一线，观众可以自主选取观看重点，也有利于演练完整地展示整个处置过程。

3.6   小结

示范性演练通过"演"（事前拍摄）与"练"（事中实操）相结合，使有关岗位人员深入理解环境应急理念，快速熟悉完整应急流程。但示范性演练在实践过程中难免遇到一些问题，如筹备工作不足，演练各单位部门协调不畅，应急演练实施之前没有开展专门的培训与适当的讲解，使得演练过程混乱，出现无法控制的局面。另外，重"演"轻"练"也是示范性演练的一大弊端。由于示范性演练均有完整的脚本，每个环节、每个镜头、每个角色说的每句话都做了提前设定，导致参演人员失去了主观能动性，缺乏"练"的空间，导致最终有些演练成为形式主义，真正收效不大。

第 **4** 章

检验性演练

4.1 检验性演练概况

　　检验性演练亦称"考核、校阅性演练"，是相关政府部门考察应急准备情况的一种演练，目的是全面锻炼应急队伍，增强有关部门应急响应、指挥和处置能力，通常由省、市一级主管部门组织实施。整个过程不搞摆练，近似实战，组织简便，耗资较少，亦有利于暴露和解决问题。广州市生态环境局率先启用检验性演练模式，该局自 2022 年开始，每年均有一场突发环境事件检验性演练，拉动范围由最初的 4 个分局逐步拓展到全市 11 个分局，以达到定期检验各分局环境应急响应能力的目的。

4.2 常规流程

　　检验性演练首先要明确本次演练的需求，根据需求设计演练情景及一系列有逻辑进程关系的任务，形成一套完整的流程。一般来讲，演练的开展需要由一个初始事件来触发，初始事件可以是人为失误等偶然因素，也可以是自然灾害等不可抗因素。事件触发后，需要通过一定渠道将事件基本信息传递给参演队伍，并在后续演练过程中逐步给出更多的事件信息。对检验性演练而言，针对每一个具体的事件，组织者对参演队伍作出的反应都有一个期望值，即预期行动。预期行动与演练需求紧密相连，是组织者期望参演队伍在事件与场景驱动下做出的准确的应急决策和响应行为。预期行动的设计是否合理，主要参考的是有关法律法规、应急预案、标准化操作程序等。在检验性演练中，组织者会根据演练需求分解为若干个预期行动，并设置对应的评判标准。

4.3 检验性演练示例 1

检验性演练示例 1 为应急响应主题。应急响应的主要任务是确保突发环境事件发生后能及时有效地处置，最大限度地减小污染损害范围，降低突发环境事件可能造成的影响。《突发环境事件应急管理办法》第二十四条至第二十九条对地方环境保护主管部门应急处置期间的职责进行了规定，对信息报告、通报、污染源排查和应急监测等进行了明确要求。通常来讲，生态环境部门突发环境事件的应急响应就是在得到突发环境事件信息后，对应启动应急预案，严格按照"五个第一时间"开展应对工作，即第一时间准确研判、及时报告，第一时间赶赴现场、控制事态，第一时间开展监测、辅助决策，第一时间展开调查、追究责任，第一时间引导舆论、维护稳定；严格落实"三不放过"原则，即事件原因没有查清不放过、事件责任者没有严肃处理不放过、整改措施没有落实不放过。应急演练活动可根据实际需求，以实战方式考察应急响应过程中的某些环节或全部流程。

4.3.1 演练场景

＊月＊日晚 7 时 00 分，A 市 QX 自来水有限公司上游自动监测站监测结果显示某段饮用水水源保护区内重金属镍浓度异常，为集中式生活饮用水地表水源地标准限值的 10 倍。市生态环境局接报后立即启动突发环境事件应急处置预案、饮用水水源地突发污染事件应急预案Ⅲ级响应，并在 QX 自来水有限公司东北侧一水文站设立现场指挥部，指挥调度甲、乙、丙、丁 4 个分

局立即派出应急人员并携带所需装备，前往事发水体开展地表水应急监测与排查。

4.3.2　演练流程和任务

演练流程和任务设置如表 4-1 所示。

表 4-1　检验性演练流程和任务示例 1

情景	地点	人员	对白（内容）	评估对象
指令下达	市局值班室	值班人员	"甲分局，我是市局值班室。市局现在组织开展突发环境事件应急演练，演练仅局限于生态环境系统内部，请不要联系外单位。请记录演练内容及任务要求：QX 水厂自动监测站显示水质镍偏高，为 0.2 mg/L，是地表水水源地标准限值的 10 倍，怀疑上游庐景坑水质出问题，现已启动市级应急预案Ⅲ级响应，并设立现场指挥部。现要求你局按照实战要求尽快派出监测与应急队伍，携带应急监测装备和药剂赶赴指定集合点所在地。集合点位于凤凰二路甲、乙交界，请导航至甲区凤凰二路，并沿路向东前往该路尽头。"	甲分局
	市局值班室	工作人员	编制上述演练内容及任务要求短信，向甲分局发送	甲分局
	市局值班室	值班人员	致电甲分局值班领导，向其核实分局值班人员是否已报告相关信息，若分局领导尚未掌握，则重复上述对白内容	甲分局
	市局值班室	工作人员	记录甲分局信息上报结果，打分并报告主会场	甲分局
	市局值班室	值班人员	"乙分局，我是市局值班室。市局现在组织开展突发环境事件应急演练，演练仅局限于生态环境系统内部，请不要联系外单位。请记录演练内容及任务要求：QX 水厂自动监测站显示水质镍偏高，为 0.2 mg/L，是地表水水源地标准限值的	乙分局

续表

情景	地点	人员	对白（内容）	评估对象
指令下达	市局值班室	值班人员	10 倍，怀疑上游庐景坑水质出现问题，现已启动市级应急预案 Ⅲ 级响应，并设立现场指挥部。现要求你局按照实战要求尽快派出监测与应急队伍，携带应急监测装备和药剂赶赴指定集合点所在地。 集合点位于凤凰二路甲、乙交界，请导航至甲区凤凰二路，并沿路向东前往该路尽头。"	乙分局
	市局值班室	工作人员	编制上述演练内容及任务要求短信，向乙分局发送	乙分局
	市局值班室	值班人员	致电乙分局值班领导，向其核实分局值班人员是否已报告相关信息，若分局领导尚未掌握，则重复上述对白内容	乙分局
	市局值班室	工作人员	记录乙分局信息上报结果，打分并报告主会场	乙分局
	市局值班室	值班人员	"丙分局，我是市局值班室。市局现在组织开展突发环境事件应急演练，演练仅局限于生态环境系统内部，请不要联系外单位。请记录演练内容及任务要求： QX 水厂自动监测站显示水质镍偏高，为 0.2 mg/L，是地表水水源地标准限值的 10 倍，现已启动市级应急预案 Ⅲ 级响应，并设立现场指挥部。现要求你局按照实战要求尽快派出监测与应急队伍，携带应急监测装备和药剂赶赴指挥部所在地。 指挥部导航搜索方式为'TP 水文站'。"	丙分局
	市局值班室	工作人员	计算甲分局基准时间，向主会场提供。（通知甲分局值班人员后 30 min）	甲分局
	市局值班室	工作人员	编制上述演练内容及任务要求短信，向丙分局发送	丙分局
	市局值班室	值班人员	致电丙分局值班领导，向其核实分局值班人员是否已报告相关信息，若分局领导尚未掌握，则重复上述对白内容	丙分局

续表

情景	地点	人员	对白（内容）	评估对象
指令下达	市局值班室	工作人员	记录丙分局信息上报结果，打分并报告主会场	丙分局
	市局值班室	值班人员	"丁分局，我是市局值班室。市局现在组织开展突发环境事件应急演练，演练仅局限于生态环境系统内部，请不要联系外单位。请记录演练内容及任务要求：QX 水厂自动监测站显示水质镍偏高，为 0.2 mg/L，是地表水水源地标准限值的 10 倍，现已启动市级应急预案 III 级响应，并设立现场指挥部。现要求你局按照实战要求尽快派出监测与应急队伍，携带应急监测装备和药剂赶赴指挥部所在地。指挥部导航搜索方式为'TP 水文站'。"	丁分局
	市局值班室	工作人员	计算乙分局基准时间。（通知乙分局值班人员，分局准备好应急装备后的出发时间）	乙分局
	市局值班室	工作人员	编制上述演练内容及任务要求短信，向丁分局发送	丁分局
	市局值班室	值班人员	致电丁分局值班领导，向其核实分局值班人员是否已报告相关信息，若分局领导尚未掌握，则重复上述对白内容	丁分局
	市局值班室	工作人员	记录丁分局信息上报结果，打分并报告主会场	丁分局
	市局值班室	工作人员	计算丙分局基准时间。（通知丙分局值班人员，分局准备好应急装备后的出发时间）	丙分局
	市局值班室	工作人员	计算丁分局基准时间。（通知丁分局值班人员，分局准备好应急装备后的出发时间）	丁分局
到达分会场、转移会场	分会场	甲分局	甲分局人员、装备抵达分会场	—
		分会场现场联系人	向甲分局解释现状、提示转移场地，待甲分局、乙分局均转移会场后跟随分局转会场	甲分局
		工作人员	记录甲分局人员、装备到达分会场时间，清点人员与车辆，做好评分记录，并请甲分局转移至主会场	甲分局

续表

情景	地点	人员	对白（内容）	评估对象
到达分会场、转移会场	分会场	乙分局	乙分局人员、装备抵达分会场	—
		分会场现场联系人	向乙分局解释现状、提示转移场地，待甲分局、乙分局均转移会场后跟随分局转会场	乙分局
		工作人员	记录乙分局人员、装备到达分会场时间，清点人员与车辆，做好评分记录，并请乙分局转移至主会场	乙分局
		分会场现场联系人	向到场分局询问预设问题	到场分局
		工作人员	记录分局回答内容，形成文字记录	到场分局
到达主会场	主会场	甲分局	甲分局人员、装备抵达主会场	—
		工作人员	清点甲分局人员与车辆，以其到达分会场车辆内人员、设备为准，后续补充的车辆、人员、装备不计入评分	甲分局
		乙分局	乙分局人员、装备抵达主会场	—
		工作人员	清点乙分局人员与车辆，以其到达分会场车辆内人员、设备为准，后续补充的车辆、人员、装备不计入评分	乙分局
		丙分局	丙分局人员、装备抵达主会场	—
		工作人员	记录丙分局人员、装备到达主会场时间，清点丙分局人员与车辆	丙分局
		丁分局	丁分局人员、装备抵达主会场	—
		工作人员	记录丁分局人员、装备到达主会场时间，清点丁分局人员与车辆	丁分局
		主会场现场联系人	向到场的丙分局、丁分局询问预设问题	丙分局、丁分局
		工作人员	记录分局回答内容，形成文字记录	丙分局、丁分局
分发任务	主会场	串场主持	宣布演练开始，台词如下："尊敬的各位领导、专家以及甲分局、乙分局、丙分局、丁分局的同事，大家晚上好！为检验市突发环境事件应对工作机制，	4个分局

情景	地点	人员	对白（内容）	评估对象
分发任务	主会场	串场主持	确保科学、有序、高效地应对突发环境事件，A 市生态环境局于今晚组织开展××××年度突发环境事件应急演练。主会场演练环节现在正式开始。下面有请×××为大家宣读演练任务与规则。"	4 个分局
		规则宣读	规则宣读，台词如下： "本次应急演练共涉及 4 项任务，总分 60 分，第 1 项任务是在不事先通知大家的情况下进行应急调度与集合，主要考核内容为信息接报、上报情况，领导值班情况，到场时间以及监测、应急工作人员配备情况，总分共计 23 分，任务 1 各分局已完成。 任务 2 是应急采样，主要考核内容为采样装备及个人防护情况、采样操作规范性和采样过程质控措施，总分共计 18 分。 任务 3 是应急监测，利用所携带的仪器开展快速检测，主要考核 4 项重金属检测结果的准确性，总分共计 14 分。 任务 4 是信息初报，主要考核内容为信息报告内容的完整性和规范性，总分共计 5 分。 任务 2 至任务 4 完成时间均为 25 min。"	4 个分局
		工作人员	宣读规则的同时分发任务卡	—
		串场主持	无缝衔接规则宣读内容，台词如下： "谢谢领导，现在我们开始任务 2 至任务 4 环节。 任务 2 和任务 3 采样监测环节将分为两组，两个分局为一组轮流采样、监测，丙分局与丁分局监测人员先前往柳溪河畔采样。甲分局与乙分局留在原地完成任务 3 应急监测。每组限时 25 min。其他应急人员完成任务 4 信息初报的编写与报送，限时 25 min。	4 个分局

情景	地点	人员	对白（内容）	评估对象
分发任务	主会场	串场主持	各分局请做好准备，现在计时开始。任务结束 5 min 前会给予提示。请领导及专家观摩任务完成过程并参与打分，工作人员请到场协助计分工作。"	4 个分局
4 个分局按要求完成演练考核任务	主会场	专家	清点各分局监测人员的防护情况（至少 2 名）与装备情况，具体见评分表	4 个分局
	主会场	工作人员	清点各分局应急人员的防护情况与装备情况，具体见评分表	
	主会场	工作人员	分发标准液	甲分局、乙分局
		第一组采样人员	完成任务 2：分局采样人员携带装备前往柳溪河畔模拟采集地表水样品	丙分局、丁分局
		第一组监测人员	完成任务 3：分局监测人员对工作人员提供的标准液开展应急监测，报告检测结果	甲分局、乙分局
		串场主持	（开始 20 min 后提示）"各分局工作人员请注意，离任务结束时间还剩 5 min。"	—
		应急人员	完成任务 4：分局应急人员根据现场情况编写初报并利用相关软件报送	4 个分局
		监测专家	负责任务 2 的评分工作	丙分局、丁分局
		工作人员	协助任务 3 的评分工作：记录快速检测过程，协助统计检测结果，协助统计各队得分	4 个分局
	主会场	串场主持	任务 2 至任务 4 开始 25 min 后，提示分局采样、监测时间到，台词如下："各分局工作人员请注意，第一组采样、监测时间到，请各位停止操作，交换场地。信息初报提交时间已截止，请各分局按照要求将信息初报上传。之后提交的信息我们将不再接收。现在请甲分局与乙分局前往柳溪河畔采样。丙分局与丁分局回到座位完成任务 3 应急监测，并将结果报给工作人员。"	4 个分局

续表

情景	地点	人员	对白（内容）	评估对象
4 个分局按要求完成演练考核任务	主会场	应急人员	完成任务 4：分局应急人员利用相关软件报送	4 个分局
		工作人员	分发标准液	丙分局、丁分局
		第二组采样人员	完成任务 2：分局采样人员携带装备前往柳溪河畔模拟采集地表水样品	甲分局、乙分局
		第二组监测人员	完成任务 3：分局监测人员对工作人员提供的标准液开展应急监测，报告检测结果	丙分局、丁分局
		串场主持	（开始 25 min 后提示）"各分局工作人员请注意，所有任务完成时间已到，请各位同事稍作休息，请专家就今晚演练情况进行打分，请工作人员做好汇总和统计。"	—
		监测专家	负责任务 2 的评分工作	甲分局、乙分局
		仪器专家	负责陪同领导参与应急监测任务及其完成过程并进行讲解，负责任务 3 的评分工作	丙分局、丁分局
		工作人员	协助任务 3 的评分工作：记录快速检测过程，协助统计检测结果，协助统计各队得分	4 个分局
		工作人员	负责任务 4 的评分工作，协助统计各队得分	4 个分局
计分	主会场	串场主持	"各分局工作人员请注意，所有任务完成时间已到，请各位同事稍作休息，请专家就今晚演练情况进行打分，请工作人员做好汇总和统计。"	—
	主会场	工作人员	工作人员根据各位专家打分情况进行汇总并统计最终结果	4 个分局
	主会场	裁判长	裁判长核实打分情况与统计情况，同市局确定最终评定结果	4 个分局

情景	地点	人员	对白（内容）	评估对象
专家点评	主会场	串场主持	（确定打分完成后）"各位领导、专家、同事，A市××××年度首场突发环境事件应急演练最终评分已完成，下面有请裁判长宣读评定结果并就演练成果进行点评。"	—
	主会场	裁判长	裁判长根据各分局的应急演练表现进行点评并宣布评分结果	4个分局
领导讲话	主会场	串场主持	"感谢专家精彩点评，下面请领导点评。"	全体人员
	主会场	市局	领导讲话	全体人员
结束	主会场	串场主持	结束语	

4.3.3 演练任务评价要点

按照演练流程和任务，该演练任务主要检验基层信息传达、响应能力与速度及前期处置情况。表4-2中序号1为信息接报与信息上报，按照市生态环境部门的要求，各分局常设应急值班室，因此通过任务一检验生态环境部门接报应对过程的合理性、有序性。按照《突发环境事件信息报告办法》的规定，"突发环境事件发生地设区的市级或者县级人民政府环境保护主管部门在发现或者得知突发环境事件信息后，应当立即进行核实，对突发环境事件的性质和类别做出初步认定""上级人民政府环境保护主管部门先于下级人民政府环境保护主管部门获悉突发环境事件信息的，可以要求下级人民政府环境保护主管部门核实并报告相应信息"，因此设置序号2～序号8，通过到达现场时间、人员及装备情况检验生态环境部门是否第一时间启动响应。序号9、序号10为现场采样与快速检测的考核，应急监测首要要求是快，其次才是准，因此任务设计时应考虑各地的监测能力，提前开展预评估，合理制定应急监测采样与检测的评价指标。序号11为信息初报，按照《突发环境事件信息报告办法》的规定，"初报应当报告突发环境事件的发生时间、地点、信息来源、事件起因和性质、基本过程、主要污染物和数量、监测数据、人员受害情况、饮用水水源地等环境敏感点受影响情况、事件发展趋势、处置情况、拟采取的措施以及下一步工作建议等初步情况，并提供可能受到突发环境事件影响的环境敏感点的分布示意图"。因此，序号 11 的评价标准参考相关文件要求执行。

表 4-2 检验性演练评分要点示例 1

序号	评估内容	评估方式	评分要点
1	信息接报	以分局值班人员是否第一时间接通电话作为评分标准	第一次拨打电话接通的得分优于第二次拨打电话接通的得分，第三次拨打电话接通的不得分
	信息上报	以分局值班人员接报 10 min 后是否报送至值班领导为评分标准	当日分局值班领导了解情况的得分；不清楚的不得分
2	到达现场时间	市局应急值班室工作人员在电话通知后开始计时，查看实时交通情况，利用高德地图、百度地图 2 种导航软件，以 2 种导航路径（如有）所需抵达时间的平均数（4 种导航方法）作为基准时间，再加上 30 min（集合时间），基准时间 +30 min 以内到达为按时到达	每组计分原则：按时到达或提前到达者得满分，后续每迟到 5 min 以内者依次递减，迟到 15 min 以上的不得分
3	监测人员	以及时到达会场的监测人员数量为准进行评分	两名及以上监测人员的得满分，一名监测人员或监测人员未到场的不得分
4	应急人员	以及时到达会场的应急人员数量为准进行评分，应急人员与监测人员不能为同一人	两名及以上应急人员（可含值班领导）的得满分，一名应急人员或应急人员未到场的不得分
5	指挥协调	派出区局值班领导的得分	分局领导到现场的得分
6	采样装备	以地表水重金属污染的采样装备是否携带齐备进行评分（采样工具、样品载体、固定剂等）	塑料采样工具、塑料样品瓶、pH 试纸、浓硝酸、记录工具（标签、表单、笔）等，齐全者得满分，缺项扣分
7	检测设备	以本次特征污染物的检测设备是否携带齐备进行评分	携带 pH 计、便携式重金属分析设备的得分，缺项扣分

序号	评估内容	评估方式	评分要点
8	个人防护与其他装备	以应急人员是否穿戴反光背心、防护用品，是否携带照明设备、执法仪、对讲设备等进行评分	监测人员（按2人计）穿救生衣、工作马甲，戴手套（如有1人不满足，视为该项不得分）；应急人员均需穿工作马甲（按2人计）和携带执法仪、照明装备、对讲装备（如有1人不满足，视为该项不得分）
9	采样流程	以监测人员采样操作与采样过程的质量控制措施是否合规为评分依据	1. 采样操作：采样器用现场水样洗涤；样品采集后是否加入硝酸酸化至 pH<2 且操作方法正确；采样量满足规范要求或留样要求，$V \geqslant 100$ mL；采样工具、样品瓶是否使用正确。2. 采样过程的质量控制措施：采集现场空白样品和平行样品且方法正确；pH 现场校准，测定后用标样校验；采样标签信息完整；原始记录信息完整、规范、有签名
10	快速检测结果	以携带至会场的应急监测仪器现场检测准确度为评分依据	按每项检测结果打分，单项偏差≤20%得满分，后续按30%偏差递减，偏差>100%不得分
11	信息初报	以信息初报内容是否完整为评分依据	信息初报内容应包括：时间、地点、信息来源、起因、性质、污染物和数量、环境敏感点受影响情况；分局应急响应情况与处置措施；根据已掌握的情况阐述态势判断结果，简要介绍下一步工作计划

4.4 检验性演练示例 2

检验性演练示例 2 为应急监测主题。应急监测在突发环境事件中的基础和特殊地位直接决定了应急处置的成功概率，是一项严肃的、特殊的、重要的政治任务。应急监测工作的一般流程为：企业和应急、交通等部门向属地生态环境部门通报突发环境事件；应急值班人员接到消息并尽量了解详情后，立即向领导或职能部门报告；相关领导根据情况进行初步研判，确定是否报告上级部门和请求应急监测支援，并下达应急监测命令；生态环境监测部门收到应急监测任务后，立即启动应急监测预案、明确职责分工、赶赴现场并了解现场状况（现场勘查）、制定监测方案、开展现场采样与监测、分析样品、汇总数据、编制监测快报、提出应急监测终止建议、终止应急监测、复盘和总结应急监测工作、归档资料等。因此，应急监测演练活动可根据实际需求，以实战方式考察应急监测过程中的某些环节或全部流程。

4.4.1　演练场景

　　＊月＊日上午 7 时 30 分，一辆装有 30 t 保险粉（连二亚硫酸钠）的货车在途经某地（模拟事发地所在经纬度）时与前方一辆装有涂料的货车发生追尾，导致保险粉和涂料泄漏。由于现场雨势较大，保险粉遇水即着火，后车着火发生自燃。事故发生后，生态环境部门同应急管理、交通运输、消防等部门立即赶赴现场、开展前期应急处置与救援工作，现场火灾已得到初步控制，确保不会发生爆炸。经初步判断，事故点附近居民点聚集，连二亚硫酸钠自燃引发的火灾造成了二次污染，反应生成的亚硫酸氢钠随雨水流入模拟河流中。某市生态环境局接报后立即启动突发环境事件应急响应，并商请市生态环境监测站开展应急监测工作。市生态环境监测站立即派出 3 支监测队伍，由其携带所需装备赶赴现场。

4.4.2　演练流程和任务

　　演练流程和任务设置如表 4-3 所示。

表 4-3　检验性演练流程和任务示例 2

流程	序号	地点	人员	内容
（一）				队伍集结
会场集结	1	监测站、会场	3 支监测队伍	各队伍集结，携带应急物资、装备抵达会场

流程	序号	地点	人员	内容
宣布演练开始	2	会场	串场主持	介绍本次演练的背景和规则。 本次设置交通事故次生突发环境事件作为预设情景，设计模拟事故点、模拟河段开展演练活动。 本次演练事先将现场与应急监测室分为3支队伍，开展三大演练任务。 任务1：各队伍根据演练情景描述，选择应急监测所需装备、仪器。 任务2：各队伍根据演练情景描述，填写突发环境事件应急监测现场调查信息表，确定监测项目并进行应急监测布点。 任务3：各队伍先利用携带的采样装备前往指定位置进行地表水采样，并向工作台提交相关材料。地表水采样结束后，前往指定位置进行环境空气采样，并利用仪器快速检测待测气体，向工作台人员提交相关材料
任务分发	3	会场	工作人员	向各队伍分发事件背景描述卡和任务1的任务卡
（二）				按序开展任务1、任务2
任务1	4	会场	3支监测队伍	根据演练情景描述，选择应急监测所需装备、仪器，陈列在各队伍大本营工作台上，并向工作人员展示。（任务1）
			专家组、工作人员	清点并记录各队伍人员装备情况
宣布任务1结束	5	会场	串场主持	"各队伍请注意，任务1应急准备已结束，请立即向工作人员展示装备情况。"
宣布任务2开始	6	会场	串场主持	"各队伍请注意，任务1已完成，下一阶段将开展任务2。现在任务2计时开始。各队伍完成任务2后请举手向工作人员示意。"
			工作人员	负责将任务2任务卡、模拟场景地图（水、气各1份）和现场调查信息表分发给各队伍。（任务2）
任务2	7	会场	3支监测队伍	根据演练情景描述，填写突发环境事件应急监测现场调查信息表，确定监测项目并进行应急监测布点，向工作人员提交清晰的现场调查信息表和监测布点图（油性笔填写）。（任务2）

流程	序号	地点	人员	内容
任务 2	7	会场	专家组	对现场调查信息表和监测布点图进行评估。
			工作人员	负责记录各队伍任务 2 完成时间，收集现场调查信息表和监测布点图。
宣布任务 2 结束	8	会场	串场主持	"各队伍请注意，任务 2 已结束，请立即向工作台提交相关表格和图件。"
（三）				任务 3 采样与快速检测开始，过程中专家、领导可离席前往采样地点观摩任务完成过程
宣布任务 3 开始	9	会场	串场主持	"各队伍请注意，任务 2 已完成，下一阶段将开展任务 3。请各队伍注意，任务 3 中请按序完成地表水采样、环境空气采样、环境空气快速检测，请合理安排时间和人员以完成任务 3，地表水采样结束时请向工作人员举手示意。"
			工作人员	向各队伍提供待测气和应急监测数据表
任务 3	10	会场	3 支监测队伍	各队伍利用携带的采样装备，前往指定位置进行地表水采样，并向工作人员提交相关材料。（任务 3）
				各队伍快速前往指定位置进行环境空气采样，并利用仪器快速检测待测气，向工作人员提交相关材料。（任务 3）
			专家组	对各队伍采样和快速检测过程进行打分并记录情况
			工作人员	记录各队伍地表水采样完成时间，协助现场记录工作，并收集地表水和环境空气采样记录、样品交接表、应急监测数据表
宣布任务 3 结束	11	会场	串场主持、工作人员、裁判长	主持人宣布演练任务结束。工作人员对记录情况进行汇总。裁判长核实现场记录情况，评估各队伍表现

4.4.3　演练任务评价要点

由于突发环境事件形式多样，针对应急监测工作的一般要求主要有以下几点：

①及时。突发环境事件危害严重、社会影响大，对事件处置的分秒延误都可能带来污染的扩大，因此要求应急监测人员提早介入、及时开展工作，及时出具监测数据，及时为事件处置的正确决策提供依据。

②准确。一方面是准确报出定性监测结果，明确污染物种类；另一方面是进行精确的定量检测，确定在不同源强、不同气象条件下，不同环境介质中污染物的浓度分布情况。准确的前提是分析方法的选择性和抗干扰性要强，监测仪器要轻便、易携带且具备较高的灵敏度和准确度。

③有代表性。应急监测不可能按常规在整个事件影响区域广泛布点，需要在现场选取最少、最具代表性的监测点位，既能准确表征事件特征，又能为事件处置赢得时间。

在检验性演练示例 2 中，任务 1 主要考察选手能否根据接到的通知携带必备的仪器设备以做好应急准备。任务 2 主要考察选手的现场调查与监测布点能力。根据 2021 年发布的《突发环境事件应急监测技术规范》（HJ 589—2021），现场调查主要针对事件发生的时间和地点、必要的水文气象及地质等参数、可能存在的污染物名称及排放量、污染物影响范围、周围是否有敏感点、可能受影响的环境要素及其功能区划等、污染物特性的简要说明和其他相关信息。考虑应急监测方案所用时间较长，在该场演练中只针对监测方案中最重要的监测布点进行检验。任务 3 为采样与快速检测，主要考察选手在样品采集、管理、分析等过程中的操作规范，以及样品的检测准确度。

表 4-4　检验性演练评分要点示例 2

序号	评估内容	评估方式	评分标准
任务 1			应急准备
1	采样装备	以地表水污染物的采样装备是否携带齐备进行评分（采样器、样品载体、固定剂等）	携带采样器、样品容器、pH 试纸等快速试剂包、固定剂、样品冰箱 5 项工具，缺项扣分

续表

序号	评估内容	评估方式	评分标准
2	检测装备	以本次特征污染物的检测设备是否携带齐备进行评分	携带风向风速测定仪、气压计、苏玛罐等设备，缺项扣分
3	个人防护与其他装备	以监测人员是否携带个人防护用品与其他装备等进行评分	监测人员（按 4 人计），缺项扣分（如有 1 人不满足，视为该项不得分）。（1）救生衣；（2）工作马甲；（3）安全绳；（4）其他
任务 2			现场情况调查与监测布点
4	现场调查信息表	以现场调查信息表是否准确记录必要内容为评分依据	现场调查信息表中需包含以下正确信息：（1）突发环境事件地点；（2）到达现场时间；（3）纳污水体水文情况；（4）突发环境事件发生时间、起因、受影响环境要素及大致范围；（5）主要污染物、特性及泄漏量；（6）环境敏感点情况；（7）现场初步判断结果（特征污染物和监测项目）：①地表水环境监测项目为 SO_4^{2-}、pH、COD、硫化物、苯系物，缺项扣分；②环境空气监测项目为 H_2S、SO_2、VOCs、颗粒物，共 2 分，缺项扣分
5	应急监测布点	以地表水和环境空气监测布点是否全面且合规为评分依据	1.地表水监测布点：地表水监测断面的布设应避开死水区、回水区、排污口处，并考虑采样活动的可行性和方便性。地表水监测布点需包含上游对照断面、事发点、入境断面、取水口，对照标准答案缺少或设置不合理点位扣分。 2.环境空气监测布点：环境空气监测布点需包含事故点上风向布设对照点位、事故点所处位置布设监测点位、事故点主导风向下风向布设监测点位、围绕敏感点布设监测点位等，对照标准答案缺少或设置不合理点位扣分
任务 3			采样与快速检测
6	地表水采样流程	以应急监测人员采样操作与采样过程的质量控制措施是否合规为评分依据	1.采样操作：（1）穿戴个人防护装备；（2）摆放安全示意牌；（3）现场摆放地表水采样设备；（4）使用快速试剂包进行快速检测；（5）采样器用现场水样洗涤，样品容器用该采样点水

序号	评估内容	评估方式	评分标准
6	地表水采样流程	以应急监测人员采样操作与采样过程的质量控制措施是否合规为评分依据	样冲洗2~3次；（6）采用虹吸法进行分样；（7）样品采集后正确添加固定剂；（8）采样工具、样品瓶使用正确。 2.采样过程的质量控制措施：（1）采集现场空白样品和平行样品且方法正确；（2）采样标签应完整，字迹清晰，包括样品编号、项目；采样记录内容应完整，字迹清晰，采样记录包括河宽、天气、大气压、大气压计编号、样品编号、水温、水颜色、水气味、水面油膜及漂浮物、气温等；（3）正确保存和运输样品；（4）提交采样记录和样品交接表
7	环境空气采样流程	以苏玛罐采样前的准备和采样操作是否合规为评分依据	（1）穿戴防化服等采样装备；（2）压力检查，即采样前和采样后进行苏玛罐的压力检查；（3）采样高度达到1.5~2.0 m；（4）使用风向和风速测定仪；（5）采样记录内容应完整，字迹清晰，采样记录包括分析编号、项目、地点、苏玛罐采样前真空度、气温、气压、记录时间段、风向、风速；（6）提交采样记录和样品交接表
8	样品检测	以是否进行仪器标定和待测气进行现场检测的准确性为评分依据	（1）对仪器进行标定；（2）以 SO_2 快速检测结果与标准答案之间的误差算分
	总计		

4.5　小结

检验性演练重点在于"双盲"，这里的"双盲"既可以是参演单位和人员事先不知道演练时间、地点，也可以是参演单位和人员事先不知道演练内容，抑或两者兼而有之，完全按照实战模式展开应急响应，大大提高了演练的真实性。检验性演练注重实战，而非观摩，在形式、活动安排上也更加灵活，方便动态调整演练内容和科目，这些措施大大提高了演练的难度和强度，使演练最大限度地贴近实战。

总的来讲，首先，检验性演练活动可以真实检验管理部门应急基础状态，对相关单位日常的应急意识、应急备战状态、应急管理总体水平以及应急力量的实战能力有更为清醒的认识和客观的评价，基本做到了心中有数。其次，检验性演练增强了领导干部对环境应急管理的思想认识和应急意识。领导的思想认识对推动环境应急工作十分重要。相关部门负责人在检验性演练中按照预案规定到达现场进行指挥，其亲身经历和体验有助于其后续开展环境应急工作。最后，检验性演练在检验环境应急能力的同时，暴露了工作中的一些不足和薄弱环节，为改进环境应急管理工作找到了着力点。

第 **5** 章

竞赛性演练

5.1 竞赛性演练概况

    竞赛性演练以考评各地区环境应急队伍能力为主要目标，近年来全国各地举行了各类形式的突发环境事件竞赛性活动。其中，重庆市在 2021 年首次以环境应急能力为主题举行环境应急能力大比武，来自全市生态环境系统的 10 支环保铁军同场竞技、观摩学习；江苏省自 2021 年起连续两年组织开展了生态环境应急比武暨突发环境事件应急响应技能竞赛；广东省自 2017 年以来已经连续举办了四届突发环境事件应急演练大比武活动，通过以比促练的形式，检验各地环境应急人员实战水平；山东省自 2013 年以来连续开展八届环境应急实兵演练暨环境监管技术比武竞赛活动，将竞技比武与实战练兵有机结合，不断推动环境应急演练常态化、实战化，达到"以练为战、以战促训、平战结合"的目的。除了各省级生态环境部门主办的竞赛活动，相关地市也积极效仿。以广东省为例，广州市及深圳市均已连续多年开展环境应急大比武活动，每年召集各自所属的 11 个管理局独立组队进行竞赛。

5.2 常规流程

    竞赛性演练一般包括理论考核和实战操作两部分，理论考核内容为环境应急管理知识，实战操作围绕环境应急响应全过程对应急监测、信息报告、舆情应对、污染处置等项目进行考核。由于竞赛性演练模式日趋增多，难度也从最初仅考核响应流程扩展到包括无人机操控、隐患排查等其他项目。

由于竞赛项目较多，演练活动通常举办 1～2 天，包括赛前准备、正式比赛、赛后总结。赛前准备一般是召集参赛队伍根据事件初步信息，携带适用且足够的应急装备、设备，提前一天前往比武场地，提前熟悉场地并合理放置应急监测装备、设备；并针对正式比赛过程中遇到的流程性问题进行统一解答。正式比赛则按照突发环境事件发生发展过程分设多个场景，对应不同的考核任务。参赛队伍根据任务要求，自行分配人员，利用所携带的设备与装备完成相关任务。比赛结束后召开赛后总结大会，邀请相关领导和专家对比赛进行复盘点评，重点就本次比武突出问题、重要环节及优秀队伍进行点评总结并宣布比赛成绩。

5.3　竞赛性演练示例 1

5.3.1　演练场景

*年*月*日上午 8 时，有群众反映 A 区某河流发现大量死鱼，死鱼散发刺激性气味。A 分局接报后立即派员前往事发现场并利用无人机开展现场排查工作。与此同时，A 分局接到 A 区应急管理部门发来的通报，D 材料科技有限公司于 10 min 前发生火灾，散发大量浓烟。

5.3.2　演练流程和任务

比武按照事件时间轴，分为 7 个场景共 11 项任务（如表 5-1 所示），各场景对应相应的考核任务，各参赛队伍代入各场景中 A 分局的角色开展相关应急工作。

表 5-1　竞赛性演练任务示例 1

事件时间轴	场景设置	任务书
8：00	场景 1：＊年＊月＊日上午 8 时，有群众反映 A 区某河流发现大量死鱼，死鱼散发刺激性气味。A 分局接报后立即派员前往事发现场并利用无人机开展现场排查工作。与此同时，A 分局接到 A 区应急管理部门发来的通报，D 材料科技有限公司于 10 min 前发生火灾，散发大量浓烟。 附通讯录资料 值班领导模拟电话 ＊＊＊＊＊＊＊＊＊＊＊＊ 应急处处长模拟电话 ＊＊＊＊＊＊＊＊＊＊＊＊ 应急处模拟电话 ＊＊＊＊＊＊＊＊＊＊＊＊ 值班室模拟电话 ＊＊＊＊＊＊＊＊＊＊＊＊	任务 1　信息初报 根据现有场景，在规定时间内完成向市生态环境局的信息报送工作 任务 2　无人机的使用 操作无人机前往指定河流沿线模拟排查并拍摄污染企业标识物，后于指定区域降落，飞行高度限制在 100 m 以内，所拍摄的照片及拍摄位置经纬度信息（度分秒格式）发送至指定账号
8：05	场景 2：上午 8 时 10 分，A 区应急管理部门发来通报，D 材料科技有限公司火灾已于 5 min 前扑灭，现场无人员伤亡，现场事故废水已被控制，少量消防废水进入外环境。同时 A 分局通过无人机排查核实事发河流里波水河面上漂有黄绿色油状物，河内散发的刺激性气味与福尔马林相似，并伴随芳香气味，初步判断死鱼情况与上游企业相关。依据群众反映的位置，A 分局利用广东省环境应急综合管理系统对三江休闲钓鱼场上游里波水沿岸企业开展排查	任务 3　信息续报 根据现有情况，利用系统对三江休闲钓鱼场上游沿岸可能的涉事企业开展排查，确定污染来源；并利用系统对造成死鱼情况的事发污染企业及其周边开展调查；根据调查结果，按照突发事件信息专报模板编制完成突发环境事件信息续报
8：15	场景 3：上午 8 时 15 分，A 分局接企业上报，称其为集成电路电镀厂 B 企业，上午 7 时 10 分，厂内甲醛储罐在使用过程中突然发生上下贯穿性破裂并倒塌，罐内约 8 t 甲醛持续泄漏；而且甲醛储罐压倒厂内的镀镍槽，大量甲醛水溶液混合含镍电镀液已通过雨水管网流入外环境。企业现已完成人员疏散撤离工作，雨水闸门于 8 时 10 分关闭，后续的事故废水已引入应急池暂存。 A 分局接报后立即启动突发环境事件应急预	任务 4　应急监测现场调查信息表 根据演练情景描述，填写突发环境事件应急监测现场调查信息表 任务 5　应急监测方案 根据演练情景描述，从锁定污染团角度，制定合适的应急监测方案，含监测布点图

续表

事件 时间轴	场景设置	任务书
8：15	案，开展相关应急救援工作。后据应急管理部门反馈，事故暂未造成人员伤亡，未发生火警，但厂区范围以外有强烈的刺激性气味，现场瞬时风速为 1 m/s	任务 5　应急监测方案 根据演练情景描述，从锁定污染团角度，制定合适的应急监测方案，含监测布点图
9：30	场景 4：上午 9 时 30 分，A 分局应急人员根据应急监测方案开展水、气应急采样，做好样品保存、运输工作，并利用便携式仪器对地表水开展应急监测	任务 6　应急采样（地表水采样） 利用携带的采样装备，前往指定位置进行地表水采样（监测项目为COD、镍） 任务 6　应急采样（环境空气采样） 利用携带的苏玛罐等采样装备，前往指定位置进行环境空气采样 任务 7　现场应急监测 利用仪器快速检测待测地表水标样重金属浓度，向工作台提交检测结果 任务 8　实验室检测 对前一天领取的环境空气标准样品开展实验室检测，并提交甲醛定量检测结果
9：40	场景 5：上午 9 时 40 分，相关应急单位关闭了仙居桥侧的闸坝，根据现场指挥部收到的最新消息，事发企业内 3 t 甲醛（浓度37%）、0.2 t 含镍电镀液已扩散至外环境，污染物均匀混合，衰减系数为 0。实验室陆续出具数组样品监测数据，结果显示禾水河部分水域存在甲醛超标情况，或对下游南江造成影响。禾水河、永丰河沿岸无大型施工机械通行条件	任务 9　污染处置方案 参赛队伍根据突发环境事件情景，结合已掌握信息，制定应急处置方案
17：30	场景 6：下午 4 时，在 A 区政府统一指挥下，各级应急单位已根据应急处置方案完成各项应急处置工作。 下午 5 时 30 分，据市委网信办监测，微博、抖音等网络平台及微信群、朋友圈广泛流传	任务 10　舆情应对 根据纸质材料与应急处置情况，为A 区政府代拟情况通报稿

续表

事件 时间轴	场景设置	任务书
17：30	事故现场视频、图片，以及限制用水通知的手机截图，网民主要担心水源受到不可逆污染，以及限制用水影响正常生活。网络上陆续出现"南江被污染，是有毒物。""为什么不换水源？""现在的情况怎么样，会不会以后都不可以用南江水了？""企业经常偷排废水，生态环境部门监管不力，南江水根本不能喝。""南江是我们的母亲河，危险化学品泄漏流入南江，直接影响了水质安全和人民群众生命安全，请政府迅速解决"等舆情。网上还流传超市排长队抢购、饮用水货架售空，多个送水公司均无桶装水供应等视频和图片，点击量、转发量、评论量迅速攀升。区内发生抢购饮用水的情况	任务10　舆情应对 根据纸质材料与应急处置情况，为A区政府代拟情况通报稿
23：00	场景7：截至23时，市、区两级应急、公安、生态环境、卫健等部门和区镇街应急分队共出动50多人参与事件的处置工作，现场疏散周边群众70多人。现场指挥部继续收到实验室出具的数组样品检测数据后，决定终止本次突发环境事件应急响应	任务11　信息终报 参赛队伍根据突发环境事件情景，结合已掌握信息，报送突发环境事件信息终报

5.3.3　演练任务评价要点

场景1简述了事件的起因，对应任务1及任务2。应急接报的途径主要有企业直接电话报告生态环境部门、应急管理局（政府应急办）通告、110报警台通告、上级主管部门调度等方式。同时，在遇到不明来源的污染物时，需要及时开展排查工作。任务1主要评价生态环境部门接报过程以及污染来源不明情形下应对工作的合理性、有序性。任务2主要评价参赛队伍无人机操作规范和使用水平。

场景2在场景1的基础上给出了事件进展，要求参赛队伍结合事件描述，借助日常使用的省级环境应急综合管理系统作出正确判断，并以信息续报的形式将所获得的信息（如事件敏感点信息、环境现状信息等）进行报告。场景 2 中的任务 3 专门设计了突发环境事件溯源排查的易错点，即在三江休闲钓鱼场上游里波水沿岸企业中共有 2 家涉及相关污染物排放因子，但需结合企业环境风险物质种类及储量排除干扰选项。

场景 3 和场景 4 给出了事件主线，简要描述事件发生过程，要求生态环境工作人员开展应急监测及各项工作，对应任务 4～任务 8，具体包括应急监测现场调查、应急监测方案制定、完成指定污染物的采样、指定大气污染物定性定量分析、指定水样定量分析（给定重金属标准样品盲样）。应急监测首要要求是快，其次才是准，因此演练设计时应考虑各地事先制定的演练时间长短，提前开展现场调查和预评估，合理制定应急监测的评价指标。其中，水样应急监测环节模拟的是现场采样快速检测分析，样品来源为标准物质，故参照《突发环境事件应急监测技术规范》（HJ 589—2021）"7.1 样品采集""7.2 现场监测"要求，提出严格质控措施，评价的是分析人员能力素质。任务同时设置了检测准确度的考核，但单纯强调准确度在实际应急监测演练中也不可行，完成任务耗时情况也应作为评价指标。

场景 5 提供了入河污染物具体数量，同时给出了理想化的环境参数，以便参赛队伍根据给出的数据计算入河口污染物浓度、给出应急处置方案。场景 6 和场景 7 给出了水环境和大气环境两套虚拟的应急监测结果数据表，由于政府突发环境事件应急预案启动后，应急响应涉及的政府机构众多，此处场景描述可简化，任务指令应详细。参演队伍根据监测结果情况完成续报、终报及阶段性信息公开。同时在场景 6 中描述了事件相关的网络舆情，真假混杂，要求参赛队伍结合虚拟监测数据做好辟谣和安抚群众工作。

5.4 竞赛性演练示例 2

5.4.1 演练场景

*年*月*日 12 时，红荔市生态环境局值班人员接到 A 公司电话报告，

称 A 公司化工合成车间反应釜发生爆炸，产生大量浓烟。

5.4.2 演练流程和任务

演练共分 4 个场景 9 个任务，各模拟场景及任务定时分发，在限定时间内完成，提前完成任务可领取下一任务书，每个任务单独提交材料，且材料中不能出现市、单位和个人的任何信息，以抽签确定的编号代替。演练场景构建及演练任务内容如表 5-2 所示，场景地图构建如图 5-1 所示。

表 5-2 竞赛性演练任务示例 2

事件时间轴	场景构建	演练任务
12：00	场景 1：＊年＊月＊日 12 时，红荔市生态环境局值班人员接到 A 公司电话报告，称 A 公司化工合成车间反应釜 11 时 50 分爆炸起火，产生大量浓烟。爆炸冲击波导致苯储罐发生泄漏，公司已启动突发环境事件应急预案并自行组织人员开展救援，部分事故废水已泄漏至厂外。公司地址为＊＊＊，周边有村庄和学校。目前伤亡人数尚不清楚。公司已向当地镇政府、应急管理部门报告	任务 1：回答市生态环境部门接报后的内部流程
12：30	场景 2：12 时 30 分，红荔市生态环境局应急人员到达 A 公司现场勘查。从 A 公司相关负责人了解到，A 公司以生产苯二胺为主，主要原料为苯、硝酸、氢气，目前厂内估计储存纯苯 50 t、浓硝酸 50 t、液氢 2 t，苯二胺产品约 30 t，工厂现有员工 72 人。工人操作失误导致本次爆炸。目前已确认事故现场苯、苯二胺各有 1 个储罐底部阀门脱落、发生泄漏，初步估计苯泄漏量为 10 t、苯二胺泄漏量为 10 t，目前已将部分事故废水导入事故应急池。红荔市生态环境局应急人员在现场发现事故废水已漫过事故应急池，溢流到厂区雨水排放沟渠并流入丰收涌，且消防作业仍在紧张进行中。事故现场已无明火，仍冒浓烟。据当地镇政府现场工作人员统计，截至 12 时 30 分，爆炸事故已造成 3 人死亡，因浓烟影响疏散事故企业周边人员约 100 人。现场瞬时实测风速为 2 m/s，风向为东南风	任务 2：根据现场勘查，明确事件定性、定级，完善初报 任务 3：根据现场情况制定应急监测方案

事件 时间轴	场景构建	演练任务
13：00	场景 3：13 时，红荔市生态环境局派工作人员根据应急监测方案开展水、气应急监测。政府各部门环境应急工作有条不紊开展	任务 4：根据已掌握的信息及不同时段虚拟监测结果数据表，制定现场处置方案
		任务 5：完成大气挥发性有机物采样（不限采样方式），并提交采样原始记录表
		任务 6：提交监测方案后领取有机气体样品，完成这些样品的所有组分定性分析及苯系物（苯、甲苯、二甲苯）定量分析
		任务 7：提交监测方案后领取考核水样，完成水样的苯胺类化合物项目分析测定并提交结果
		任务 8：根据已掌握的信息，完成各阶段突发事件信息专报
15：30	场景 4：*年*月*日 15 时 30 分，红荔市网络舆情信息中心通报，部分网民在微信朋友圈、微博转发传播自媒体有关 A 公司爆炸事故现场的文章、照片及视频，主要内容包含受损建筑物、死伤人员等。部分网民留言如下："我家就住四季农场附近，看到有烟，黑沉沉的好可怕。""听我朋友说他住在岸丽村，都闻到了非常大的气味，一直持续了很久。""听说这个厂爆炸死了 30 多人，伤了几百人。""听说这间工厂有上千吨原料苯泄漏出来了，现在禾水涌都是黑色的。大家别打开家里的水龙头，永安河下游水厂已经被污染了。"网上还有一些人发布抢购矿泉水的短视频（后被网友证实是几年前其他地方的情况）	任务 9：各市参赛队根据上述舆情，就已掌握的情况，向市新闻发言人拟定舆情回应通报

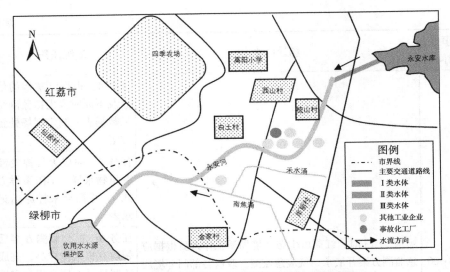

图 5-1　突发环境事件应急演练场景地图构建图

5.4.3　演练任务评价要点

　　场景 1 简述了事件的起因，对应任务 1。一般来讲，生态环境部门针对突发环境事件的接报途径主要有企业直接电话报告、应急管理部门或政府应急办通报、上级主管部门调度等方式。在接到信息后，生态环境部门需要做好信息的内部上报，如从应急值班室通知到相关科室、分管领导，并视情向主要领导报告；同时要上报市政府、省级生态环境部门，并指派市局环境应急工作人员前往现场。因此，任务 1 主要考察生态环境部门在接报后内部应对过程的合理性、有序性。

　　场景 2 给出了具体的事件情况和地图，对应任务 2 事件定级及初报、任务 3 应急监测方案制定。其中专门设计了突发环境事件准确定级的认识易错点，其中"爆炸事故已造成 3 人死亡"与较大突发环境事件的定义"因环境污染直接导致 3 人以上 10 人以下死亡"不符，因此在安全生产事故定级中为较大事故，而在突发环境事件定级中，结合题干中描述的"因浓烟影响疏散事故企业周边人员约 100 人"判定为一般突发环境事件。任务 2 要求的信息初报依据《关于切实加强突发事件信息报告工作的通知》（应急办函〔2015〕

16 号)、《突发环境事件信息报告办法》(环境保护部令第 17 号) 进行评价，要求初报中写明事件发生的时间、地点、信息来源、事件起因、性质；污染物种类（水中苯、苯胺类，气中苯、苯胺类、NO_x）及泄漏量；企业人员伤亡情况、敏感点（村庄、河流）环境影响情况（水、气）；市生态环境局已采取的应急处置措施以及应急监测开展情况。任务 3 则要求根据污染态势初步判别结果，编制应急监测方案。应急监测方案应包括但不限于突发环境事件概况、监测布点及与事发地距离、监测断面（点位）经纬度及示意图、监测频次、监测项目、监测方法、评价标准或要求、质量保证和质量控制、数据报送要求、人员分工及联系方式、安全防护等方面内容。其中，空气污染物必测项目应包含苯、一氧化碳、苯胺类、颗粒物、NO_x，水污染物必测项目应包含 COD、NH_3-N、苯、苯胺类、pH。

　　场景 3 简述了生态环境工作人员赶赴现场后的应对情况，对应任务 4 ～任务 8。其中虚拟监测结果数据表给出了事发地周边上下风方向环境敏感点污染物不同时段的监测结果，以及禾水涌、永安河上下游各处断面水质污染物监测结果。参赛队伍根据监测结果情况制定应急处置方案，完成续报、终报及阶段性信息公开。以任务 4 为例，可提及疏散周边群众，采取措施封堵雨水排放口，采用吸油棉、围油栏等应急物资在污染河涌实施吸附，对围堵的污染物采取危废收集、转移及处理等措施。任务 5 按照《突发环境事件应急监测技术规范》(HJ 589—2021) 进行评价。任务 6 及任务 7 根据《水质　苯胺类化合物的测定　N-（1-萘基）乙二胺偶氮分光光度法》(GB 11889—89)、《环境空气　65 种挥发性有机物的测定　罐采样 / 气相色谱 - 质谱法》(HJ 759—2023)、《数值修约规则与极限数值的表示和判定》(GB/T 8170—2008) 等标准，从数据处理及原始记录情况和检测结果精密度、准确度等方面划定评分规则。任务 8 主要针对续报和终报进行打分，续报要求更新人员、环境影响最新情况，以及已采取的应对措施情况，同时提出是否确定对取水口造成影响的判断结果；续报需附上监测布点图及监测数据；终报要求厘清事件发生的原因、经过、处置情况，说明监测最终结果，总结工作经验与教训，提出善后处置的要求。

　　场景 4 描述的是事件相关的网络舆情，真假混杂，参赛队伍需要结合虚拟数据针对谣言——辟谣，安抚好群众。虚拟监测结果数据表已设定结果为四季农场大气环境质量数据达标、市界断面水质污染物达标，作为辟谣线索。

5.5 小结

　　竞赛性演练通常会按照突发环境事件发生—发展—终止进行系统性考核，如现场指挥协调、应急人员和监测人员联动、信息报送和发布、舆论引导、处置方案制定等环节都能得到充分的检验，每个环节紧紧相扣、相辅相成，客观上让多个队伍在同一情况下进行公平、公正的检验，通过每年比赛的创新达到锻炼应急队伍的目的。但竞赛性演练的实施也有其难点：一是要制定好情景，好的情景应推动参赛队伍按照规程准确执行，有助于参赛队伍在未来真正的突发环境事件中少走弯路，同时又要在事件情景中设计隐藏考点，使其难于实际可能发生的场景，让参赛队伍"跳一跳够得着"，以增加难度。二是对演练过程要进行严格评估，执行客观统一的评判尺度，同时针对信息报送、舆情应对等文书类考题，在基本考点上需要考虑文笔是否流畅、文本逻辑是否清晰等打分，这就要求评卷人员对材料准确度的把握，标准太松缺少区分度，标准太严又不符合实际应急情况。三是竞赛性演练需要引导参赛队伍用团队工作方式来处理演练过程中遇到的问题，帮助他们学会集思广益、相互协作，众志成城解决问题；同时要使参赛队伍深刻体验突发环境事件应有的氛围与心理压力，有助于他们磨炼心智。

第 **6** 章

"南阳实践"专题演练

2020 年 10 月，在全国环境应急管理工作会议上，生态环境部提出要扎实做好"南阳实践"的推广应用工作。自 2020 年开始，生态环境部从集中式饮用水水源地河流入手，组织开展"南阳实践"的推广，制定实施重点河流环境应急"一河一策一图"，力求在"十四五"期间实现重点河流全覆盖。2024 年，生态环境部拟组织"一河一策一图"环境应急演练专项活动，通过演练检验"一河一策一图"可操可用性，从而全面提升重点河流突发水污染事件"一河一策一图"工作成效，守护水环境安全底线。因此，本章将围绕环境应急"南阳实践"演练活动进行介绍。

6.1 "南阳实践"介绍

6.1.1 概念由来

2018 年 1 月 17 日，河南省南阳市淇河发生水污染事件，威胁下游丹江口水库水质安全，形势严峻。在事件处置中，生态环境部翟青副部长提出"以空间换时间，以时间保安全"的思路，即利用上河电站地形条件，在电站下紧急建成 40 余万 m^3 的临时应急池，将污水引入临时应急池后，再利用电站分流渠引流清水，在下游通过清污配比实现达标排放，事件得到妥善处置。

南阳淇河事件后，生态环境部将流域突发水环境事件应急处置中常用于存储、截流、引流、投药、吸附处置的水库、电站、闸坝、坑塘、桥梁等统称为"环境应急空间与设施"，并将利用各类环境应急空间与设施处置流域突发水污染事件的思路、方法、经验总结凝练为"南阳实践"。

2018—2020 年，生态环境部组织在河南、湖北、陕西等地的丹江口库区重点河流，以及山东泗河、广东瀚江、新疆巩乃斯河等开展"一河一策一图"试点工作。2021 年，《中共中央　国务院关于深入打好污染防治攻坚战的意见》明确要求完成重点河流突发水污染事件"一河一策一图"全覆盖。2021 年，生态环境部印发《流域突发水污染事件环境应急"南阳实践"实施技术指南》，部署全国做好"十四五"时期相关工作，预计将完成 2 515 条重点河流"一河一策一图"，有效提升流域突发水污染事件环境应急准备能力。截至 2023 年 9 月，全国已完成 1 509 条重点河流"一河一策一图"，形成一批可借鉴的成功经验。2023 年，生态环境部在总结流域突发水污染事件"一河一策一图"实践经验的基础上，开展化工园区"一园一策一图"示范试点工作，明确企业级、园区级及周边水体环境应急空间与设施使用方式方法，完善企业厂界、园区边界及周边水体突发水污染事件应急防控工作路径，并与重点河流突发水污染事件"一河一策一图"相关成果有机衔接，带动重点区域环境风险防范和应对能力整体提升。

6.1.2　河流"南阳实践"定义

河流"南阳实践"是指"以空间换时间"的突发水污染事件应急处置思路，即通过做好"找空间、定方案、抓演练"三项工作，提前掌握河流环境应急空间与设施等信息，制定"一河一策一图"并强化演练检验，以加强流域突发水污染事件应急准备。"找空间"指通过资料收集、影像分析和现场踏勘，调查掌握在水污染事件发生时河流上可储存受污染水体以及便于实施截流、引流、投药、稀释等处置措施的环境应急空间与设施，结合环境敏感目标、重点环境风险源和水文水系等资料，摸清河流底数，建立河流信息清单（"一河"）。"定方案"指制定河流突发水污染事件"一河一策一图"，即根据河流涉及的环境敏感目标、重点环境风险源等信息，针对突发水污染事件应对中如何隔离拦截污染团、如何控制清水等问题，明确环境应急空间与设施的具体作用，编制河流突发水污染事件环境应急响应方案（"一策"），构建事件应对指挥示意图（"一图"），实现应急指挥"挂图作战"。"抓演练"指通过分阶段、分层次演练，对"一河一策一图"的可操作性进行检验，包括环境应急空间与设施实际存水量是否准确，污水是否能够引进去，人员队伍、施工材料、设备机械等是否能够得到保障。

在"南阳实践"中常常提到的环境应急空间与设施指在水污染事件发生时可用于储存受污染水体以及便于实施截流、引流、投药、稀释等处置措施的空间与设施，包括 10 种类型，分别是水库、湿地、坑塘、闸坝、引水式电站、坝式水电站、干枯河道、江心洲型河道、桥梁、临时筑坝点。

（1）水库

指拦洪蓄水和调节水流的水利工程建筑物，可以用来灌溉、发电、防洪和养鱼等。

（2）湿地

指地表过湿或经常积水、生长湿地生物的地区。

（3）坑塘

指面积在 1 000 m² 以上或容量在 1 000 m³ 以上的水塘、坑、景观地、人工湖等。

（4）闸坝

指为调节水位、引水灌溉而建立的水利设施，多见于周边有农田或耕地的小型河流上。

（5）引水式电站

指河流坡降较陡、落差比较集中的河段，以及河湾或相邻两河河床高程相差较大的地方，利用坡降平缓的引水道引水而与天然水面形成符合要求的落差（水头）发电的水电站。

（6）坝式水电站

指筑坝抬高水头，集中调节天然水流，用以生产电力的水电站。

（7）干枯河道

指河道由于自然或人工的影响改变走向后遗留的干枯河床。

（8）江心洲型河道

指在河道中存在一个相对孤立的洲或岛屿的河道。

（9）桥梁

指跨越河道的桥梁，高速公路、铁路跨河桥梁除外。

（10）临时筑坝点

指在河道较窄（一般河宽小于 200 m）、便于施工筑坝且交通便利的点位。

6.1.3　化工园区"南阳实践"定义

为提升化工园区突发水污染事件环境应急准备能力，借鉴"以空间换时间"理念，按照"一级防控不出厂区、二级防控不进内河、三级防控不出园区"总体目标，构建化工园区突发水污染事件环境应急三级防控体系（如图 6-1 所示）。其中，一级防控即利用企业自身的围堰、应急池等环境应急防控设施，将事故污水控制在企业厂区内部；二级防控即推动有条件的相邻企业间应急池、企业与园区公共应急池互联互通，对流出事故企业的污水进行拦截、转运、处置，防止污水进入园区河道；三级防控即充分利用园区内的坑塘、河道、沟渠以及周边水系等构建环境应急防控空间，对进出园区的水

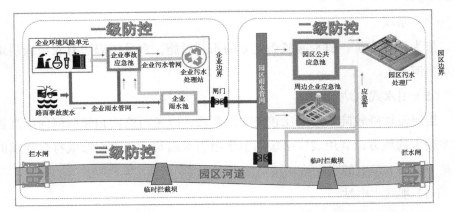

图 6-1　化工园区突发水污染事件环境应急三级防控体系示意图

体实施封闭或分段管控，确保不对园区外的重要水体造成影响。

化工园区"南阳实践"同样通过做好"找空间、定方案、抓演练"三项工作，提前掌握园区环境应急空间与设施等信息，制定"一园一策一图"并强化演练检验，以加强园区突发水污染事件应急准备。"找空间"：通过资料收集和现场踏勘，调查摸清园区突发水污染事件环境应急三级防控体系建设情况，结合园区及企业基本情况、重点环境敏感目标、内外水系（河道、排渠、管道等）连接关系等资料，建立园区环境应急空间与设施等信息清单（"一园"）。"定方案"：根据园区环境风险企业、下游重点环境敏感目标分布等信息，充分结合园区管理体制机制、应急资源能力等实际，围绕如何将污水控制在园区边界范围内，细化明确三级防控体系中各类环境应急空间与设施的建设、使用、运转的方法，编制环境应急空间与设施使用说明（"一策"），构建园区突发水污染事件环境应急指挥图和园区虚拟现实技术（VR）全景图（"一图"）。"抓演练"：组织开展园区突发水污染事件环境应急演练，全面检验"一园一策一图"的可操作性，包括园区突发水污染事件环境应急三级防控体系能否有效运转，人员队伍、物资装备、施工材料、设备机械等是否能够得到保障等。

6.2 流域级"南阳实践"应急演练

6.2.1 演练场景

*月*日，A市某五金制品有限公司（以下简称A公司）危险废物仓库起火，在消防过程中含铜、含镍、含石油类消防废水溢流进入企业附近的河流L河。通过L河"南阳实践一张图"发现，事发点下游有若干处环境应急空间与设施、上游有一水库。演练实行省、市、县、企业四级联动，合理利用L河涉及的坑塘、桥梁、水库、闸坝等4种主要的环境应急空间与设施，充分发挥其拦污截污、分流引流、调蓄降污功能，及时控制污染，消除危害，妥善处置了本次突发环境事件，重点凸显针对突发环境事件的信息报告、先

期处置、事态研判、应急处置与应急响应联动等环节。

6.2.2 演练流程和任务

本次演练紧扣"南阳实践""以空间换时间"的思路，充分利用 L 河河段现有的环境应急空间与设施（如图 6-2 所示）展开。现场演练共分为 7 个部分。

图 6-2 演练所涉环境应急空间与设施

6.2.2.1 事件发生

设定以 A 公司危险废物仓库发生火灾，含铜、含镍、含石油类消防废水溢流进入 L 河为背景展开。

6.2.2.2 信息报告

突发环境事件发生后，企业、县生态环境分局、市生态环境局按照突发事件的报告时限和程序逐级上报。

6.2.2.3 先期处置

A 公司及县生态环境分局组织开展先期处置。

6.2.2.4 事态研判

市生态环境局接报后组织召开事态研判会商，通过应急平台制定应急处置方案，做出应急响应决策。

6.2.2.5 应急处置

现场指挥部成立，各组到达现场，开展应急事件处置：通过关闭西山水库闸门和马南水闸，对已入河污染团进行截留降速；在厂区外雨水口建设临时坝，对污染源头进行阻断；利用水渠坑塘分流处置事故污水；利用马堂桥投加药剂进行工程削污；河面布设围油栏、吸油毡以吸附处置石油类污染；对 L 河布点监测，监控水质变化，跟踪污染团推进情况。

6.2.2.6 响应联动

联系 L 河下游 D 市生态环境局，D 市生态环境局做好水质预警监测及污染物排查。

6.2.2.7 应急终止

事件污染源已切断，L 河及饮用水水源地取水口所有监测断面水质已连续 48 h 稳定达标，现场总指挥宣布应急结束，所有物资整理运回、人员带回，现场总结点评。

6.2.3 演练脚本（节选）

序号	发言人	脚本台词	演练形式
1	主持人	全体人员集中。主持人介绍演练背景、现场观摩领导和嘉宾以及演练小组，宣布演练开始	直播

序号	发言人	脚本台词	演练形式
2	主持人	＊月＊日上午 7 时 10 分，位于 L 河上游的 A 公司危险废物仓库发生火灾，产生大量含镍、含铜、含石油类消防废水，超出厂区现有应急空间设施容纳能力，导致部分消防废水通过雨水管网进入 L 河，可能造成跨市界污染，危及下游饮用水水源安全	录播
3	A 公司值班员	报告总经理，通过监控看见危险废物仓库发生火灾，现场有两人被困，请指示	录播
4	A 公司	立即报 119、120，同时启动我公司应急预案，开展先期处置，立即封堵厂区内的雨水排放口，引流到应急池	录播
5	A 公司值班员	收到	录播
6	A 公司值班员	119 指挥中心，我是 ＊＊镇 ＊＊路 ＊＊号 A 公司，我公司危险废物仓库发生火灾，现场火势较大并伴有浓烟，两人被困仓库内。请求支援	录播
7	119 回复	好的，我们立即安排救援队伍赶赴现场	录播
8	主持人	公司应急救援小分队到达现场，佩戴防护装备，立即开展自救，消防小组开启室外消防栓对燃烧点喷水灭火，医疗小组试图进入火场营救被困人员，但因火势较大无法进入	直播＋录播
9	主持人	10 min 后，消防大队到达现场，立即搜救被困人员并用水枪对燃烧点进行灭火，控制火势。随后，120 医护人员抵达现场，对救出伤员开展现场医疗救援	直播＋录播
10	主持人	企业环境应急小组在封堵引流消防废水过程中，发现厂区内雨水排放口闸门有故障，消防废水有溢出至厂界外的风险，立即向 A 市生态环境局 L 分局报告	直播＋录播
11	A 公司总经理	我是 ＊＊镇 ＊＊路 ＊＊号 A 公司，今天上午 7 时 10 分我公司危险废物仓库发生火灾，仓库内存放有含铜含镍污泥 600 t 左右、废油若干，因我公司雨水闸门故障，消防废水有溢出风险，请求 L 县生态环境分局支援	录播
12	A 市生态环境局 L 分局	收到，请立即封堵厂区雨水总排放口，防止污染物进入河流，并按照你公司应急预案落实相关紧急处置措施，我们马上赶到	录播

序号	发言人	脚本台词	演练形式
13	主持人	A 公司在接到 A 市生态环境局 L 分局的指示后,立即组织应急人员用沙包对雨水排放口进行封堵,阻止消防废水进一步外流	直播+录播
14	主持人	A 市生态环境局 L 分局立即赶赴现场,启动 L 县突发环境事件应急预案,组织救援队伍开展现场处置	直播+录播
15	主持人	L 分局研判前期因企业雨水阀门问题,导致约 1 200 m³ 消防废水进了 L 河,现已进行封堵处理,但火势继续加大,消防废水产生量持续增加,超出厂区现有应急空间设施容纳能力,威胁珠江水环境安全。事态紧急,L 分局立即组织队伍在厂区外的雨水沟用沙包设置围堰,对消防废水进行围堵处理,扩大事故消防废水收集容量。并在雨水排放口出水口下方的 L 河河面布设围油栏,投放吸油毡,削减流入 L 河的污染物的浓度。同时向 A 市生态环境局报告现场情况。A 市生态环境局局长接到报告后,立即组织人员进行会商研判	直播+录播
16	A 市生态环境局局长	同志们,我们接到 L 分局报告,A 公司发生火灾,消防废水已溢流进入 L 河。现在马上落实以下措施:①立即向省生态环境厅和 A 市政府报告事件信息;②执法支队立即组织调查人员赶赴现场,开展调查,核实相关情况;③请市生态环境监测站迅速制定应急监测方案,并开展应急监测	录播
17	主持人	根据会商研讨,A 市生态环境局局长指示 L 分局立即阻断污染源头,并对照 L 河"一河一图一策"选定的环境应急空间与设施对已进入 L 河的污染物进行拦截,同时电话协调调度水利部门立即关闭 L 河上游的西山水库闸门,降低 L 河流速,为突发环境事件处置争取时间	录播
18	主持人	现在大家看到的画面就是 A 公司上游 2.5 km 的西山水库,通过电话调度,西山水库于上午 8 时关闭了闸门。关闭水库闸门后,L 河上游水量将下降 70%,极大降低 L 河流速,减轻下游处置压力	录播
19	主持人	A 市生态环境局局长同时向市政府和省生态环境厅报告事件信息,A 市生态环境局执法支队执法人员赶赴现场调查,同时 A 市生态环境监测站派员赶赴现场开展应急监测	录播

续表

序号	发言人	脚本台词	演练形式
20	主持人	A市委、市政府接报后，市长立即做出指示：立即启动突发环境事件Ⅲ级应急响应，成立A市突发环境事件应急指挥部，由副市长任总指挥长，L县、A市生态环境局组织好应急处置工作，绝不能让一滴事故污水进入珠江	录播
21	主持人	现场指挥部成立，A市生态环境局党组成员、副局长任现场指挥长，指挥部下设应急监测组、应急处置组、应急专家组、排查巡查组、供水和调水组、信息宣传组6个工作组	直播
22	现场指挥长	同志们，为做好本次处置工作，我担任现场指挥长。请各工作组简要汇报事件情况	直播
23	排查巡查组	报告现场指挥长：经调查，目前消防救援人员还在灭火，仍持续产生消防废水，前期因企业雨水口闸门故障，约1 200 m³消防废水经雨水渠流入L河，目前正抓紧开展闸门的维修工作，但闸门的维修需要一定时间，已先对雨水口进行临时封堵。报告完毕	直播
24	应急处置组	报告现场指挥长：事件发生后，我们立即响应，组织应急队伍对照L河"一河一图一策"方案，在事发企业厂界外雨水排渠建设了临时拦截坝，扩大事故消防废水收集容量，确保消防废水不再进入L河，并根据污染物，从周边调集了围油栏、吸油毡、烧碱、絮凝剂等应急物资，对事故污水开展应急处置	直播
25	应急监测组	报告现场指挥长：我们在L河共设置7个监测断面，监测镍、铜、石油类3个指标，频次为每小时1次。9时30分数据显示，事故点下游1.3 km处镍浓度为 **mg/L，铜浓度为 **mg/L，石油类浓度为 **mg/L；其他断面浓度暂无异常。报告完毕	直播+录播数据柱状图
26	现场指挥长	好的，请排查巡查组督促企业进一步封堵雨水排放口，排查企业周边是否还存在消防废水泄漏风险隐患，确保不再有消防废水入河；请应急监测组加大应急监测力度；请信息宣传组做好舆情监控，最新情况及时上报。下面请应急专家组提出处置意见	直播

序号	发言人	脚本台词	演练形式
27	应急专家组	报告现场指挥长,事发点下游 50 km 为交界、下游 76 km 为水源地。若不进一步采取有效措施,污染团预计在事发后约 65 h 到达珠江,威胁珠江水质安全。通过"南阳实践一张图",我们可以看到事发点下游有若干处环境应急空间与设施,根据目前污染态势及流域环境应急空间与设施分布,建议采取如下应急措施:①水利调度。建议在污染团到达前,关闭下游马南水闸,进一步为应急处置争取时间。②工程削污。一是在事故点下游利用桥梁建立投药处置点,投加絮凝剂以削减重金属,并在马南水闸做好投药准备;二是在事故点下游设置多道围油栏,同时使用吸油毡对油类物质进行拦截吸附。③分流引流。根据污染态势,做好在马南水闸将部分高浓度污水引流至灌渠处置的准备工作。④水厂保障。通知自来水厂做好应对准备,并对进出厂水水质和末梢水水质进行监测,确保供水安全。报告完毕	直播
28	现场指挥长	同意应急专家组意见,各工作组迅速实施	直播
29	主持人	在指挥部制定应急处置方案并部署处置工作后,各工作组立即行动,分头赶赴处置点,开展应急处置工作	直播
30	主持人	下面,我们看到的是现场直播的画面,让我们跟随镜头来到厂区外。我们看到厂区外雨水渠已建设临时拦截坝,改造形成一个临时应急储存空间,厂区消防废水不再进入 L 河,污染源头得到有效阻断	直播 + 录播
31	主持人	现在镜头切换到下游马南水闸。在污染团抵达马南水闸前,及时关闭了拦河闸门,拦截了污染团。关闸后,可拦截水量约 10 万 m³,为应急处置争取宝贵时间	录播
32	主持人	现在镜头前方是位于下游的马堂桥。应急处置 1 组在跨河桥梁上构建的投药处置点铺设了溶药桶和加药管,按专家提供的量投加絮凝剂,在溶药桶完成絮凝剂溶解后,通过加药管精准均匀投加至受污染的河道	直播 + 录播
33	主持人	现在我们看到的是应急处置 2 组人员驾驶冲锋舟在河道两岸间拉起围油栏,对河面油污进行拦截,并利用吸油毡对拦截油污进行吸附处理。本次一共设置了 6 处围油栏,经多级拦截吸附后,水体中油类污染物将得到有效处理	直播 + 录播

序号	发言人	脚本台词	演练形式
34	主持人	根据突发水污染事件联防联控合作协议，A市生态环境局L分局局长向D市生态环境局S分局局长通报了有关情况，A市生态环境局也向D市生态环境局通报了有关情况	录播
35	主持人	D市生态环境部门接到通报后，立即组织人员开展交界断面水质预警监测及污染物排查工作	录播
36	主持人	此时，为及时向广大人民群众公开相关信息，A市政府新闻办派专人到现场了解情况，并发布了新闻公告，对事件及应急处置进展情况进行了说明	录播
37	主持人	经过紧张有序的处置，各工作组向指挥部报告进展情况	直播
38		……	
39	现场指挥长	下面请专家根据最新进展，提出下一步工作建议	直播
40	应急专家组	根据现场反馈情况，应急专家组建议：①L河内各监测断面铜浓度、镍浓度、石油类均稳定达标，投药点可停止加药，沿程各拦截吸附点可自上往下逐步有序拆除，收回围油栏、吸油毡等处置材料后进行妥善处理。②根据监测数据情况，可适当降低监测频次至每4小时1次。报告完毕	直播
41	现场指挥长	同意应急专家组意见，各工作组迅速实施。将进展情况形成续报，报A市人民政府和省生态环境厅	直播
42	主持人	事发10 h后，在省生态环境厅的有力指导下，经过A市人民政府及相关部门的全力处置，L河流域水质全线恢复正常，污染未影响到交界断面。再经持续48 h监测，各断面稳定达标。突发环境事件应急现场指挥部根据最新信息组织进行了会商研判	直播
43	现场指挥长	报告总指挥，此次事件污染源已切断，根据监测结果，L河、珠江及饮用水水源地取水口所有监测断面水质已连续48 h稳定达标，应急专家组建议结束本次突发环境事件应急响应	直播
44	总指挥	我宣布，演练结束	直播

6.3 园区级"南阳实践"应急演练

6.3.1 演练场景

模拟化工园区内 XN 公司车间石脑油储罐泄漏，应急人员根据企业突发环境事件应急预案进行堵漏处理。在处理过程中，由于泡沫栓使用不及时，造成事件升级，事故废水进入化工园区排洪渠。演练中园区管委会合理利用化工园区涉及的闸坝及桥梁等环境应急空间与设施（如图 6-3 所示），充分发挥其拦污截污、分流引流功能，及时控制污染，消除危害，妥善处置了本次突发环境事件，重点凸显化工园区"南阳实践"的应用。

图 6-3 演练所涉环境应急空间与设施

6.3.2 演练流程

6.3.2.1 企业响应

现场人员发现泄漏后立即用对讲机向安全环保部报告，同步关闭管道前后阀门，切断进、出物料阀。安全环保部接到通知后通知罐区、泵房、生产车间立即停止与之相关的一切作业，迅速撤离泄漏污染区人员至安全区。同时组织人员立即采取灭火措施，启用应急池存放消防废水，关闭雨污排放口水闸。企业发现由于火势凶猛，消防废水产生量较大，雨污排放口有消防废水流入排洪渠的迹象，立即致电化工园区生态环境分局。

6.3.2.2　信息接报

化工园区生态环境分局接报后，立即上报市生态环境局及化工园区管委会，并及时派出应急人员赶赴现场，迅速开展现场勘查工作。市生态环境局及时将事件情况上报省生态环境厅及市人民政府。

6.3.2.3　应急处置

根据事件情况，园区管委会启动该园区突发环境事件应急响应，决定立即成立园区突发环境事件应急指挥部，由园区管委会分管负责人任总指挥，生态环境局分局局长任副总指挥，并派出相关应急工作组到事发地附近开展应急工作。具体包括：对事故现场用水灭火、降温，扑灭现场明火；组织开展现场排查，根据现场排查结果，向现场总指挥提出切断污染源和其他污染控制措施的建议，防止污染范围继续扩大；关闭排洪渠上的第一道闸坝，拦截受污染水体；调运吸油毡、吸油棉等应急物资，对污染物进行降解吸附，同时协调有关单位安排抢险车辆将拦截的消防废水抽到市政管网、排入附近水质净化厂处理；对厂区周边环境开展监测等。

6.3.2.4　监测跟进

应急监测人员跟进报告，现场监测发现空气中苯、甲苯、二甲苯、非甲烷总烃已稀释至正常水平；排洪渠上段测得苯、石油类等指标均未超出地表水Ⅲ类标准，排洪渠中段、末段水质与背景值相比未见异常。

6.3.2.5　响应终止

根据各应急小组的报告，火灾已扑灭，泄漏已解除，受伤人员已送医院救治、无生命危险，周围空气及水质检测正常，现场指挥部宣布终止应急响应状态。

6.3.3 演练脚本（节选）

序号	演练阶段	动作（情景）	角色	台词	大屏显示内容
1	演练准备	介绍演练基本情况	解说员	全体人员集中。主持人介绍演练背景、现场观摩领导和嘉宾以及演练小组，宣布演练开始	字幕："A市突发环境事件应急演练"
2					字幕：一、事件发生 XN公司画面
3	事件发生	交代事发场景	（预拍短片，旁白）	*月*日15时左右，XN公司化工原料储罐区V1051A号储罐区域可燃气体浓度超标触发报警，中控室班长要求巡查队人员进行现场核实	字幕： *月*日15时左右，XN公司化工原料储罐区V1051A号储罐区域可燃气体浓度超标触发报警，巡查队人员接到班长指令去现场核实，发现V1051A号储罐阀门波纹管处泄漏……该罐储藏约1 000 t石脑油。
4	事件发生		中控室班长	巡查队人员注意，巡查队人员注意，V1051A号储罐区域可燃气体浓度超标报警，去查看看什么情况	报警铃声响！中控室班长查看报警来自V1051A号储罐区域，指示巡查队人员进行现场核实
5	事件发生	企业先期处置	巡查队人员	中控！中控！V1051A号储罐发生火灾	巡查队人员报告
6	事件发生		中控室班长	班组人员及车间主任注意！班组人员及车间主任注意！石脑油储罐V1051A号出料总阀门的波纹管泄漏！水沟里也有不少物料	中控室班长通知班组人员、报告车间主任

续表

序号	演练阶段	动作（情景）	角色	台词	大屏显示内容
7	事件发生		车间主任	收到！全体注意，立即启动应急预案	企业启动泄漏现场处置方案
8	事件发生		应急人员	甲：收到，我们已经将 V1051A 号储罐紧急切断阀关闭。乙：收到，我们正在现场用扳手紧固。丙：收到，我们正在从微型消防站取干粉灭火器……	中控室人员甲关闭 V1051A 号储罐紧急切断阀；巡查队人员乙带工具去现场处置泄漏点；应急处置人员丙去消防站取干粉灭火器……
9	事件发生		应急人员	甲：不好！扳手不小心掉到地面，把地面的物料引燃啦！乙：水沟里的物料也着起来啦！火势很猛呀	应急人员报告
10	事件发生	企业先期处置	（预拍短片，一旁白）	虽然企业第一时间关闭紧急切断阀，却仍有小流量泄漏。由于应急处置人员使用了铁质工具，碰撞产生的火花引燃了泄漏的石脑油，加上应急处置人员在慌乱中没能及时操作附近的灭火器材，导致积聚在水沟里的物料也被引燃，火势进一步扩大，并冒出浓烟	由于先期到达处置的员工使用了非防爆工具，加上应急处置人员在慌乱中没能及时操作附近的灭火器材，错过了扑救初起火灾的时间，导致火花引燃，物料也被引燃，火势进一步扩大，并冒出浓烟
11	事件发生		车间主任	报告胡总！储存石脑油的波纹管阀门着火，火势有扩大趋势，有3名应急处置人员在现场处置	（实况）车间主任向企业主要负责人报告

续表

序号	演练阶段	动作（情景）	角色	台词	大屏显示内容
12	事件发生	企业先期处置	（实况、企业主要负责人）	收到！各应急小组注意！ V1051A号储罐出现火灾事故，立即启动应急方案。 当班抢险组请马上增援灭火器到事故现场； 抢险支援组请马上关闭罐区的所有紧急切断阀； 抢修保障组开启消防泵、消防炮及大罐冷却喷淋系统； 后勤保障组做好雨污切换，关闭总水闸，打开进入事故水池的阀门； 疏散警戒组请立即疏散车辆和无关人员，用安全警示带在大门口两端拉好； 其余人员注意，请停止作业，马上撤离	企业主要负责人用对讲机给各应急小组分配任务
13	事件发生		企业小组组长1	甲：收到，装卸作业已经停止，车辆及无关人员已经疏散，安全警示带已经拉好；罐区的所有紧急切断阀已经关闭，消防灭火设施已经开启	干粉灭火器搬至事故现场； 作业车辆、人员撤离完毕后，在大门口处拉好安全警示带； 开启消防泵、开喷淋、开消防炮
14	事件发生		企业小组组长2	乙：雨水阀已经关闭，污水阀已经打开，总水闸已经关闭，进入事故水池的阀门已经打开	雨污切换；关闭总水闸；打开进入事故水池的阀门

续表

序号	演练阶段	动作（情景）	角色	台词	大屏显示内容
15	事件发生		车间主任	报告胡总，V1051A 号储罐紧急切断阀未能彻底关闭，火势未能及时控制，还有加大的趋势	车间主任向企业主要负责人报告最新情况
16	事件发生	企业先期处置	企业主要负责人	收到。立即拨打 119 火警电话和 120 急救电话	企业主要负责人安排人员拨打 119 火警电话和 120 急救电话
17	事件发生		解说员	由于消防水量较大，事故废水有流入外环境的风险，企业主要负责人同步向化工园区生态环境分局报告情况	字幕：由于消防水量较大，事故废水有流入外环境的风险，企业主要负责人同步向化工园区生态环境分局报告情况
18	事件发生	企业上报生态环境主管部门	（预拍短片，企业主要负责人）	报告领导，我是 XN 公司，我公司一石脑油储罐出现火灾事故，1 人受伤，我已拨打 119 及 120 并启动内部预案，做了前期处置，但事故废水有流入外环境的风险，下一步如何处置，请指示	企业主要负责人报告化工园区生态环境分局
19	事件发生	生态环境主管部门接报	（预拍短片，化工园区生态环境分局接报人员）	收到！请立即组织人员关闭雨污闸门，启用应急池，密切关注消防废水外流情况，注意与我局保持联络，随时报告最新情况	化工园区生态环境分局接报人员指示
20					字幕：二、信息报告
21	事件报告	化工园区生态环境应急人员赶往现场	（预拍短片，旁白）	化工园区生态环境应急人员，车辆设备赶往现场。在了解基本情况后，立即向市生态环境局报告事件情况	化工园区生态环境分局出发场景

续表

序号	演练阶段	动作（情景）	角色	台词	大屏显示内容
22	事件报告	化工园区生态环境分局向市生态环境局报告事件情况	（预拍短片，市生态环境局工作人员）	报告市局，我是园区分局。今天下午3时左右，我局接到XN公司报告，其厂内一储罐阀门泄漏引发火情，正冒出浓烟，风险较大，请指示	报告人员特写
23	事件报告		（预拍短片，值守人员）	收到。我局马上过去支援。请你马上向属地人民政府报告，建议其及时处置，防止事态进一步扩大，并随时报告现场情况	市生态环境局值守人员接报画面
24	事件报告		（预拍短片，旁白）	市生态环境局接报人员立即将相关信息上报科室领导、局领导	
25	事件报告	市生态环境局内部研判	（预拍短片，×××科长）	报告领导，今天下午3时左右，化工园区XN公司一石脑油储罐阀门泄漏引发火情。经查询省环境风险源与应急资源数据库，发现XN公司有应急池1 448 m³，附近5 km范围内有管委会、铁新村、银龙村多个大气环境敏感受体，公司西面有一排洪渠，其下游约3 km处为H海。目前消防水量较大，可能对下游H海造成威胁，存在事件升级的可能	市生态环境局内部报告画面；工作人员操作电脑登录平台画面；省环境风险源与应急资源数据库检索录屏

95

续表

序号	演练阶段	动作（情景）	角色	台词	大屏显示内容
26	事件报告	市生态环境局内部研判	（预拍短片，×××副局长）	收到，立即向市政府值班室、省生态环境厅报告事件信息，通知相关人员赶赴现场确定事件情况，同时通知市生态环境监测站立即派出人员开展环境监测	×××副局长指示画面
27	事件报告		（预拍短片，旁白）	市生态环境局立刻组织人员上报事件信息，同时派出人员赶赴事发现场，并通知相关监测站立即派出人员开展监测	人员上报事件信息画面；市生态环境局应急指挥车、监测车等出发场景
28	应急响应				字幕：三、应急响应
29	应急响应	成立指挥部	解说员	按照《化工园区突发环境事件应急预案》成立园区突发环境事件应急指挥部，由×××担任总指挥，×××担任副总指挥，负责现场应急处置工作。	字幕：园区管委会启动突发环境事件应急预案，成立应急指挥部
30	应急响应	市相关部门开展处置工作	解说员	在应急指挥部指挥下，相关部门组成综合协调、医学救援、应急监测、污染处置等工作组，按照专家意见做好防护，陆续到达现场开展工作。其中综合协调组由园区生态环境分局牵头，区应急局、区公安局、园区消防救援支队等有关部门参加，负责组织事故现场消防救援、疏散撤离人员、维持现场秩序等工作。医学救援组由区卫生健康局牵头，负责组织开展伤病员医疗救治	园区消防救援支队派出消防车辆画面；车辆到达现场，警车出发，警车到达封锁现场画面，安全疏散现场画面；救护车抵达画面；医护人员救护人员在厂区汇入"中毒"人员画面；监测人员进行布点监测画面

续表

序号	演练阶段	动作（情景）	角色	台词	大屏显示内容
31	应急响应	市相关部门开展应急处置工作	解说员	应急监测组由园区生态环境分局牵头，生态环境监测站参加，负责对苯、甲苯、二甲苯等大气污染物，以及石油类、苯等水污染物开展应急监测。污染处置组由园区生态环境分局牵头，区水务局等参加，主要负责组织切断污染源，采取有效措施消除已经造成的污染	消防喷水画面；监测人员在厂区汇入口排境分局组织开展现场排渣画面监测点点监测画面；园区生态环
32	应急处置	事故废水漫延至外环境	解说员	15 时 35 分，事故废水量已超过企业应急池容积（1 448 m³），现场事故废水出现外溢现象	事故废水从污水排放口外溢画面
33	应急处置	石化大道排洪渠已发生污染	解说员	石化大道排洪渠出现少量油污带。园区生态环境分局将最新情况报告指挥部。	镜头对准石化大道排洪渠
34	应急处置	生态环境分局报告事件情况	生态环境分局副局长	报告总指挥，我是副总指挥×××。我们到达现场后发现废水已造成石化大道排洪渠出现油污带，经与专家现场讨论，形成以下处置方案：一是立即切断下游污染，防止污染范围扩大；二是对进入石化大道排洪渠的油进行清理；同步加快排洪渠下游的监测进度。请指示	

续表

序号	演练阶段	动作（情景）	角色	台词	大屏显示内容
35	应急处置	总指挥作出部署	总指挥	同意，请立即执行	
36	应急处置	各有关部门应急处置	解说员	在应急指挥部指挥下，污染处置组立即开展污染处置工作，由区水务局关闭排洪渠上的第一道闸，拦截受污染水体	水务局人员跑到排洪渠旁画面；按下排洪渠电动按钮画面；排洪渠上的第一道闸门关闭画面；水流被截流画面
37	应急处置	各有关部门应急处置	解说员	根据专家测算，石化大道排洪渠上游段约可存放废水 8 400 m³，按目前消防水量可维持 17 h。因此，污染处置组在调运应急物资对污染物进行吸附的同时，协调管养单位安排吸污车将拦截的消防废水抽取到附近的市政管网，进而排入东部水质净化厂处理	排洪渠上的第一道闸闸坝关闭画面；调运吸油毡、吸油棉等应急物资到现场的画面；针对污染物铺设、抛撒围油栏、吸油毡、吸油棉；管养单位抢险车辆的水管抛入排洪渠画面；水管抽取消防废水画面；消防废水抽到到最近一个下水井画面
38	应急处置	现场监测	解说员	应急监测组根据应急指挥部指令，调整应急监测方案，在石化大道排洪渠上段、中段、末段布点采样，配备便携式水质多参数分光光度仪、便携式测油仪、水质应急监测车等装备进行分析，每小时采样 1 次	预拍视频，分左右屏，一边是地图显示展示排洪渠上游（闸坝内上游）、中段（闸坝下游 100 m 处）、末段等多个采样点，另一边显示水质采样、监测人员展示应急监测设备对污染物进行分析测定的过程画面
39	应急处置	现场监测	解说员	同时，出动 2 台走航车，利用便携式气质联用仪、傅里叶红外多组分气体监测仪对周边大气环境进行移动监测，每小时监测 1 次	监测人员布点开展大气监测画面；展示走航车监测过程画面

续表

序号	演练阶段	动作（情景）	角色	台词	大屏显示内容
40	应急处置	现场监测	解说员	获取监测结果后，应急监测组组长立即向副总指挥报告各采样点的水质监测情况	字幕：应急监测组向副总指挥报告监测情况
41	应急处置	应急监测组汇报	应急监测组组长	报告副总指挥，我是应急监测组。结合专家意见已对排洪渠上段、中段、末段进行水质快速检测，其中排洪渠上段水质异常，石油类指标个别时段指标超标。排洪渠中段水质指标与背景值相比较未见异常。根据走航车与有毒有害预警监测实时监测数据，大气环境中苯、甲苯、二甲苯、非甲烷总烃、氨等未出现异常。报告完毕	应急监测组组长报告；切换展示采样点位置，附带监测结果表格
42	应急处置	副总指挥指示	副总指挥	收到，请将相关数据报结综合协调组以编制信息续报，尽快上报市委值班室	（现场实况）副总指挥镜头
43	应急处置	应急监测组回答	应急监测组组长	是	（现场实况）应急监测组组长镜头
44	应急处置	现场调查	解说员	污染处置组出动无人机沿着排洪渠查看水面油污情况，及时向副总指挥反馈处置进度与相关信息	展示工作人员操作无人机画面，无人机在排洪渠上空画面；无人机拍摄画面
45	应急处置	污染处置组汇报	污染处置组	报告副总指挥，我是污染处置组。大道排洪渠已关闭相关闸坝，通过采取吸附转运措施，污染水体基本处置完毕，未发现闸坝外侧有油污带，报告完毕	对话画面；排洪组组长镜头；排洪渠画面

续表

序号	演练阶段	动作（情景）	角色	台词	大屏显示内容
46	应急处置	副总指挥指示	副总指挥	收到，请持续观察污染物扩散情况	副总指挥镜头
47	应急处置	污染处置组、综合协调组组织专家研判	解说员	污染处置组、综合协调组组按副总指挥要求，组织专家进行研判	污染处置组、综合协调组组织专家进行研判
48	应急处置	综合协调组	综合协调组组长	报告副总指挥，经专家研判，在目前消防喷淋强度下，消防废水量可控制在闸坝内，不会影响H海，建议在污染源完全清除前继续开展应急监测，并及时处置污染物	综合协调组长画面：对话实况
49	应急处置	副总指挥指示	副总指挥	收到，请持续关注	副总指挥镜头
50	应急处置	综合协调组组长答复	综合协调组组长	是	综合协调组组长镜头
51					字幕：四，响应结束
52	应急终止	解说与承接	解说员	经过科学、有效的应急处置，事件发生12 h后，XN公司V1051A号储罐火灾事件已进入处置后期。副总指挥调度各应急工作组汇报最新情况	字幕：事件发生18 h后……
53	应急终止	各应急工作组汇报	综合协调组组长	报告副总指挥，现场明火已扑灭，受伤人员已送医院救治，目前无生命危险，现场秩序已恢复正常，报告完毕	综合协调组组长镜头
54	应急终止	各应急工作组汇报	应急监测组组长	报告副总指挥，石化大道排洪渠闸坝内各项污染物指标逐步下降并稳定达标，	应急监测组组长镜头

续表

序号	演练阶段	动作（情景）	角色	台词	大屏显示内容
54	应急终止	各应急工作组汇报	应急监测组组长	事件未波及H海。此外，事故未对周边大气环境造成明显影响。报告完毕	应急监测组组长镜头
55	应急终止	各应急工作组汇报	污染处置组组长	报告副总指挥，石化大道排洪渠内拦截的受污染废水已引入污水管网，污染物已基本清除，未发现污染向闸坝下游扩散，吸油毡已逐一打捞上岸，下一步将进行无害化处理，报告完毕	污染处置组组长镜头，展示下游情况
56	应急终止	副总指挥汇报	副总指挥	报告指挥部，在各应急工作组不懈努力下，应急处置工作取得明显成效，我们根据现场情况与监测数据，确认消防废水对H海的威胁风险已消除，无潜在污染风险，建议结束应急响应，报告完毕！请指示	副总指挥镜头
57	应急终止	对话	总指挥	同意结束本次事件应急响应	
58	应急终止	对话	副总指挥	收到	副总指挥镜头
59	应急终止	解说与承接	解说员	根据现场工作组报告，此次事件已得到有效处置，石化大道排洪渠水质已恢复正常，未对H海造成影响，符合应急结束条件	字幕：园区管委会同意终止应急响应
60	应急终止	解说与承接	解说员	至此，本次演练主要环节已全部展示完毕	字幕：园区突发环境事件应急响应工作至此全部完毕，转入善后处置阶段
61	应急终止	集合列队等待检阅	解说员	请全体参演人员解除装备，按部门集合列队	各参演部门归位场景（实况），石化大道排洪渠

6.4　小结

重点河流突发水污染事件"南阳实践"工作是做好环境事件应急工作的一项基础性、战略性、兜底性工程。通过开展"一河一策一图""一园一策一图"环境应急大演练专项活动，可持续推动生态环境部门落实"南阳实践"质量审核把关的主体责任，进一步检验"南阳实践"可操可用性，从而全面提升重点河流突发水污染事件"一河（园）一策一图"工作成效，守护水环境安全底线。

第 **7** 章

企业专题演练

为使企业突发环境事件应急预案在事件发生时发挥作用，常规路径就是通过应急演练尽可能模拟事件的应对现场，发现应急准备方面存在的不足，检验预案中措施、流程的可行性和适用性，从而提高应急人员的应急能力。因此，本章将围绕企业环境应急演练活动进行介绍。

7.1 基本要求

7.1.1 政策依据

根据《突发环境事件应急管理办法》（环境保护部令 第 34 号）第十五条的规定，突发环境事件应急预案制定单位应当定期开展应急演练，撰写演练评估报告，分析存在问题，并根据演练情况及时修改完善应急预案。第十九条规定，企业事业单位应当将突发环境事件应急培训纳入单位工作计划，对从业人员定期进行突发环境事件应急知识和技能培训，并建立培训档案，如实记录培训的时间、内容、参加人员等信息。

7.1.2 演练形式

企业应急演练按照组织方式及目标重点的不同，可以分为桌面演练和实战演练等。①桌面演练是一种圆桌讨论或演习活动；其目的是使各部门和个人明确及熟悉应急预案中所规定的职责和程序，提高协调配合及解决问题的能力。桌面演练的情景和问题通常以口头或书面叙述的方式呈现。②实战演练是以现场操作的形式开展的演练活动。参演人员通过实际操作完成应急响应任务，以检验和提高企业综合应急能力。

7.1.3 演练实施

建议企业每年年初制订当年演练计划，演练计划可以通过演练初始计划会来确定。会议的目的是初步讨论和确定应急演练的范围、目的和目标。演练计划应明确本年度演练频次、大致的演练时间和演练主题，例如单项演练每年组织 2 次、综合演练每年组织 1 次等。另外，不同的演练主题和演练形式也可以交叉组合，环境应急可以与安全、消防进行联合演练。

演练前应确定演练方案，包括演练主题、演练方式、演练人员等。具体包括演练采用模拟或现场作业方式，演练的假定源强、情景、参加人员、启用设施、时间等，演练的目的，如验证应急响应机制及程序是否合理、指挥是否畅通、处置是否得当、器材数量是否够用等。

方案实施过程中应视情举行中期准备会议。中期准备会议是讨论详细的演练组织和人员配备、假设情景和时间安排、日程、后勤和行政需求的工作会议。具体达成以下目标：检查演练准备情况，完成演练脚本的全面评审。

演练时应做好演练记录，如书面、拍照、视频等，具体可参考表 7-1。演练后应做好演练总结，发现问题及时整改。应急培训应建立培训档案，记录培训的时间、内容、参加人员等信息。

表 7-1 企业应急演练计划表

拟演练预案名称	
预计实施时间	
演练形式	
演练主题	

续表

工作内容			时间安排
演练准备	方案、脚本的编制	演练方案、脚本编制及确认	
	物资准备	演练现场处置及情景模拟所需物资准备	
	演练动员	召开演练专项会议，进行应急演练工作的指示和传达	
演练实施	演练预演	演练相关人员按照演练方案、脚本，开展预演	
	演练现场	演练场地布置、情景道具安放	

表 7-2　企业应急演练记录表

预案名称				演练地点	
组织部门			总指挥	演练时间	
参加部门和单位					
演练类别	□实际演练 □桌面演练 □提问讨论式演练 □全部预案 □部分预案		演练内容		
物资准备和人员培训情况					
演练过程描述					
预案适宜性、充分性评审	适宜性：□全部能够执行　　□执行过程不够顺利 □明显不适宜 充分性：□完全满足应急要求 □基本满足，需要完善 □不充分，必须修改				
演练效果评审	人员到位情况	□迅速准确　□基本按时到位 □个别人员不到位 □重点部位人员不到位 □职责明确，操作熟练 □职责明确，操作不够熟练 □职责不明，操作不熟练			
	物资到位情况	现场物资：□现场物资充分，全部有效 □现场物资不充分 □现场物资严重缺乏 个人防护：□全部人员防护到位 □个别人员防护不到位 □大部分人员防护不到位			
	协调组织情况	整体组织：□准确、高效 □协调基本顺利，能满足要求 □效率低，有待改进 抢险组分工：□合理、高效 □基本合理，能完成任务 □效率低，没有完成任务			
	实战效果评价	□达到预期目标 □基本达到目的，部分环节有待改进 □没有达到目标，须重新演练			

外部支援部门和协作有效性	报告上级：	□报告及时	□联系不上
	消防部门：	□按要求协作	□行动迟缓
	医疗救援部门：	□按要求协作	□行动迟缓
	周边政府撤离配合：	□按要求配合	□不配合
总结评价			

7.2　演练方案示例 1

** 公司工业用裂解碳九装卸泄漏综合演练方案

演练目的：通过综合应急预案开展应急演练，确保应急预案简洁、贴合实际、易操作，便于从业人员熟练掌握预案中的处置流程，在发生紧急情况或事故时，能及时采取处置措施，有效控制危害和次生衍生程度，减少事故损失。

演练人员：企业负责人、厂区安全负责人、生产部经理、环保部经理、各工序主管、污水站环保部工程师、各岗位化学品和危险废物操作人员、仓管、污水站工作人员、保安等。

演练内容：工业用裂解碳九装卸泄漏

演练时间：＊年＊月＊日上午/下午

演练地点：＊＊＊＊

演练工具和防护用品：消防栓、消防水炮、干粉灭火器、消防沙池、泡沫泵、消防水池、便携式可燃性气体检测器、空气呼吸器、防毒面具、防护工作服、防护手套、抽水泵、采样器、医疗药箱、铁锹、牙钳、螺丝刀、管卡、对讲机、VOC 检测仪、COD 检测仪、便携式红外测油仪等。

演练过程：在演习前一天，对相关人员进行化学品和危险废物安全培训。培训内容包括化学品和危险废物的认识、化学品和危险废物的特性、化学品和危险废物泄漏的危害、化学品和危险废物泄漏时的处理基本方法及注意事项。

演练场景：本次场景为装卸作业过程中出现工业裂解碳九泄漏，操作员立即电话报告，化学品和危险废物泄漏应急人员同时赶到事发点进行应急处置。

演练过程拟设置如下：

场景 1：[外操 A] 在装卸作业过程中，因司机忘记拉好手刹，且 [外操 A] 未按装卸操作规程放置车轮枕木，导致槽车溜车，拉裂底部装车鹤管，进而导致工业裂解碳九从鹤管处与槽车底部大量泄漏。[外操 A] 按下紧急切断阀，关闭 V-805 罐装车泵，鹤管处已无碳九泄漏。观察现场，没有其他人员受困，立即撤离现场，通过防爆对讲机向班长汇报（汇报内容：槽车溜车导致装车底部鹤管断裂，工业裂解碳九发生泄漏，已按下紧急切断阀并停止装车，槽车已停止溜车，但槽车底部装车阀门还未关闭，仍有碳九泄漏，现场无其他人员受困）。同时启动手动报警器，向全公司发出警报。

场景 2：班长接到报告后立即向公司应急指挥部总指挥报告（汇报内容：槽车溜车导致装车底部鹤管断裂，工业裂解碳九发生泄漏，已按下紧急切断阀并停止装车，槽车已停止溜车，但槽车底部装车阀门还未关闭，仍有碳九泄漏，现场无其他人员受困，未造成人员伤亡）。[外操 B]、[外操 C] 穿戴空气呼吸器及劳保防护用品，装备便携式可燃气体报警仪，去现场观察泄漏情况及关闭槽车底部阀门。

场景 3：[外操 B]、[外操 C] 到达现场，发现司机违规进入泄漏区域，导致其昏迷在离泄漏点大约 6 m 处，紧急向班长汇报最新情况，司机中毒晕倒、急需救援，请求启动公司应急预案。班长立即向总指挥补报最新情况。[外操 B]、[外操 C] 将晕倒的司机抬至上风向安全处，等待医护组进行救治。[外操 B] 去关闭槽车底部装车阀，[外操 C] 则拿便携式可燃气体检测仪检测周边环境情况以及对厂区外围的影响。

场景 4：[总指挥] 接到最新补报后，成立现场指挥部，指示各应急小组按公司生产安全事故应急预案与突发环境事件应急预案职责立即开展应急救援工作。通信联络组组长通知周边企业做好事故防范，并拨打 119 与

120报警电话（报警内容：***公司，地址****，装卸区装卸时因发生溜车，鹤管断裂，导致工业用裂解碳九发生泄漏，1人中毒昏倒）。总指挥向开发区管理委员会应急管理局和区县生态环境局报告（报告内容包括本单位概况，事故发生时间、地点以及事故现场情况、事故简要经过，中毒1人，已采取应急处置、应急救援措施）。

场景5：事故救援组组长带领救援组人员11人（佩戴防毒面具，穿戴防护服），疏散警戒组组长与组员5人（佩戴防毒面具，穿戴防护服）和医疗救护组组长与组员4人（佩戴防毒面具，穿戴防护服）到达现场指挥部，由后勤保障组组长与组员将应急救援物资送到现场指挥部。

场景6：［救援组组长］查看现场后马上指挥已经佩戴防毒面具、穿戴防护服的［救援人员A］和［救援人员B］开启罐区南2#与异壬醇罐区1#消防水炮，喷出雾状水以降低装卸区可燃气体浓度，［救援人员C］和［救援人员D］将已转移到安全区域、昏迷的［司机］抬至医疗救护组进行简单救助后转送医院。开启罐区已接消防水带的消防栓以清洗地面泄漏的工业用裂解碳九，消防废水流入装卸区环形沟。指挥［救援人员E］戴上防毒面具、穿防护服，用便携式四合一气体监测设备持续监测罐区周边有无可燃气体，严禁明火。

场景7：［疏散组组长］指挥［疏散组人员A］疏散撤离无关人员，并用警戒线封锁罐区与装置之间东面消防路，指挥［疏散组人员B］疏散罐区与精馏装置面无关人员，并用警戒线封锁罐区北面围墙消防路，禁止无关人员经过。指挥［疏散组人员C］在物流门接引消防车。

场景8：事故救援组其他成员关闭雨水外排口阀门，打开雨水管连接事故应急池的阀门，打开隔油池与事故应急池连接的阀门，雨水经过管网进入事故应急池暂存后，［监测组组长］安排［监测组组员］对装卸区及厂区外围进行采样，监测大气VOCs浓度，同时对装卸区排水沟、污水处理站、厂区废水总排放口、雨水排水口进行采样，监测COD和石油类指标。对于事故区域少量含油消防废液，可采用消防沙、吸油毡覆盖吸收应急处置后的含油消防废液，并用密封桶收集、放在危险废物暂存间。

场景9：应急总指挥和相关管理人员到场，［救援组组长］向总指挥报告泄漏的工业用裂解碳九已处置完毕，槽车底阀已关闭，工业用裂解碳九已不再泄漏，现场便携式可燃气体报警器已不再报警。

场景10：［监测组组长］报告大气和水质监测结果。事故救援组开始对装卸现场地面进行全面清洁和洗消。经过公司应急救援人员的努力，事故现场已清洁洗消完毕。各小组向总指挥报告，总指挥宣布演练结束。

7.3　演练方案示例 2

生产安全暨突发环境事件应急演练方案

一、演练时间

＊年＊月＊日上午／下午

二、模拟场景

厂区涂装部油箱线喷房起火，导致一人被烧伤，由于高压细水雾自动灭火系统被误调为手动状态，未能第一时间启动，火势扩大后带来大气污染和水污染风险，各相关应急处置单位联合进行人员疏散、报警、人员救护、断电断气、火灾扑救、污水截断和水、气监测等综合性的应急演练。

三、参与部门及人数

整车涂装部、物流配送部、总装部、办公部、机动基建部、整车管理部和安全环保部按应急分工派员参加，预计＊人。

四、演练目的

通过演练评估公司应急救援及反应能力，检验应急响应人员对应急预案、执行程序的了解程度和实际操作技能，检查应急培训效果，分析下一步培训需求，确保突发环境事件发生时能高效应对，最大限度地减少对外环境的影响。

五、演练内容

1. 演练场景

	阶段一（10 min）	阶段二（10 min）	阶段三（20 min）
模拟场景	启动：喷漆作业因静电/火星点燃桶内油漆→员工逃生踢翻油漆桶而引发大火/员工烧伤→触发涂装消防警报→人工触发高压细水雾→触发车间应急广播→涂装油箱线全体疏散→模拟报119	邻近区域消防疏散联动/天然气模拟紧急切断/通知配电房模拟切断车间供电/抢救烧伤员工/物流配送部、总装轮胎班疏散	短时间难以控制火情/启动环境应急预案→微型消防站投入灭火/模拟119消防队参与灭火/社区环保联动→消防废水截污→水、气应急监测→培训/解除
演练内容	▲喷房火灾现场处置方案 ▲发现细水雾处于手动状态 ▲触发高压细水雾灭火 ▲消防疏散、报警	▲应急广播 ▲疏散联动 ▲天然气紧急模拟切断 ▲车间供电模拟切断	▲车间内模拟消防灭火 ▲厂区道路点火演示灭火 ▲环境应急及监测 ▲相关方联动/培训
演练物资	模拟火情、烟雾弹1枚	广播系统、担架1个、急救药箱1个、义务急救员2人、小汽车（送院）	火桶1个（碎纸皮若干）、点火棒1个、水带1批、扩音器2个、消防车1辆、义务消防队8人、截污监测物资1批
演练场地	涂装车间→厂区道路和各集合点	涂装、总装、物流配送部→部门指定集合点	厂区站房一侧道路（指定演练、观摩区） 厂区小车棚（人员救护区）

2. 应急演练机构与职责

（1）演练总指挥

职责：协调管理资源，指挥按预案和演练方案进行演练。

（2）现场指挥官

职责：现场指挥按预案、方案场景进行演练。

（3）技术专家组

职责：为应急救援和应急处置提供专业技术指导、应急救援培训。

（4）通信联络组

职责：演练过程中的信息报告、发布、相关方联动、场景摄影记录。

（5）消防应急处置组

职责：演练事故消防应急处置，空地灭火场景演示及灭火器培训，伤员救援。

（6）环境应急处置和监测组

职责：消防废水截污应急处置，污水、废气应急监测。

（7）人员救护组

职责：组织人员医疗救治。

3. 演练部门与演练工作

（1）涂装部

初始火情模拟、伤员救援、车间消防预警和疏散、模拟触发细水雾灭火系统、切断天然气、观摩灭火过程。

（2）机动基建部

模拟涂装车间电源的切断和检查、恢复，检查确认天然气供应切断。

（3）整车管理部

保障自动灭火系统正常运行，检查确认火灾现场设备设施，自动卷帘门断电状态检查及其他相关事项。

（4）总装部、物流配送部

组织按预案进行消防疏散演练，清点人数，派出代表观摩 119 灭火演练，派出义务急救员。

4. 演练所涉物资（略）

5. 演练及疏散示意图（略）

7.4 小结

总的来说，企业应急演练是一项重要的管理活动，通过定期演练检验企业应急预案的可行性和有效性，提高员工对应急措施的熟悉度和应对能力，以及发现和解决应急处置中存在的问题和不足，从而不断完善和提升企业的应急响应能力，确保企业可持续发展。

附录1 突发环境事件应急管理类笔试题目

本试卷共分为判断题、单选题和多选题三个题型。判断题50题，每题0.5分，共25分；单选题100题，每题0.5分，共50分；多选题50题，每题0.5分，共25分。考生需将最终答案填写到答题卡中，评判将以答题卡为准，不填不得分。考试时间共150分钟。

一、判断题（对的打"√"，错的打"×"）

1. 电器电子产品生产者可以自行或者委托销售者、维修机构、售后服务机构、再生资源回收经营者回收废弃电器电子产品。（　　）

题目出处：《广东省固体废物污染环境防治条例》

2. 尾矿库的渗滤液收集设施、尾矿水排放监测设施应当正常运行至尾矿库封场后连续两年内没有渗滤液产生或者产生的渗滤液不经处理即可稳定达标排放。（　　）

题目出处：《尾矿污染环境防治管理办法》

3. 取得危险废物经营许可证后，危险废物经营单位可以从事所有危险废物收集、贮存、利用、处置等经营活动。（　　）

题目出处：《广东省固体废物污染环境防治条例》

4. 设区的市级生态环境主管部门应当将尾矿库的运营、管理单位列入重点排污单位名录，实施重点管控。（　　）

题目出处：《尾矿污染环境防治管理办法》

5. 省人民政府生态环境主管部门可以委托地级以上市人民政府生态环境主管部门核发危险废物经营许可证。（　　）

题目出处：《广东省固体废物污染环境防治条例》

6. 危险废物经营单位终止经营活动的，应当将危险废物经营情况档案移交所在地县级以上人民政府生态环境主管部门存档。（　　）

题目出处：《广东省固体废物污染环境防治条例》

7. 经批准设立的工业集聚区未完成污水集中处理设施建设的，暂停审批和核准其增加水污染物排放的建设项目。（　　　）

题目出处：《广东省水污染防治条例》

8. 危险废物产生单位、运输单位、接受单位应当依法执行危险废物转移联单制度，如实填写和核对转移联单。（　　　）

题目出处：《广东省固体废物污染环境防治条例》

9. 产生尾矿的单位和尾矿库运营、管理单位应当于每年1月31日之前通过全国固体废物污染环境防治信息平台填报上一年度产生的相关信息。（　　　）

题目出处：《尾矿污染环境防治管理办法》

10. 尾矿库选址，应当符合生态环境保护有关法律法规和强制性标准要求。可以在生态保护红线区域、永久基本农田集中区域、河道湖泊行洪区和其他需要特别保护的区域内建设尾矿库以及其他贮存尾矿的场所。（　　　）

题目出处：《尾矿污染环境防治管理办法》

11. 尾矿库上游、下游和可能出现污染扩散的尾矿库周边区域，应当设置地下水水质监测井。（　　　）

题目出处：《尾矿污染环境防治管理办法》

12. 在饮用水水源二级保护区内从事网箱养殖、旅游等活动的，应当按照规定采取措施，防止污染饮用水水体。（　　　）

题目出处：《广东省水污染防治条例》

13. 尾矿库运营、管理单位在环境监测等活动中发现尾矿库周边土壤和地下水存在污染物渗漏或者含量升高等污染迹象的，应当及时查明原因，采取措施及时阻止污染物泄漏，并按照国家有关规定开展环境调查与风险评估，根据调查与风险评估结果采取风险管控或者治理修复等措施。（　　　）

题目出处：《尾矿污染环境防治管理办法》

14. 转移固体废物出本省行政区域贮存、处置的，应当向市人民政府生态环境主管部门提出申请。（　　　）

题目出处：《广东省固体废物污染环境防治条例》

15. 以河流中心线为行政区划界限的共有河段，由相邻地级以上市、县

级人民政府分别承担各自保护责任，采取有效措施，确保水质共同达到目标要求。（　　）

题目出处：《广东省水污染防治条例》

16.尾矿库运营、管理单位应当于每年汛期前至少开展三次全面的污染隐患排查。（　　）

题目出处：《尾矿污染环境防治管理办法》

17.省人民政府应当每年从财政预算中安排东江水系水质保护专项资金，用作上、中、下游水系水质保护经费。（　　）

题目出处：《广东省水污染防治条例》

18.评审结论可参照以下原则确定：定量打分结果大于 60 分（含 60 分）的，为通过评审。（　　）

题目出处：《企业事业单位突发环境事件应急预案评审工作指南（试行）》

19.水污染防治应当严格控制工业污染、城镇生活污染、农业农村污染、船舶污染。（　　）

题目出处：《广东省水污染防治条例》

20.自动监测设备的监测数据是否超过大气污染物排放标准，按照小时均值确定。（　　）

题目出处：《广东省大气污染防治条例》

21.支持符合法律规定的机关和有关组织依法对污染水环境、破坏水生态等损害社会公共利益的行为提起公益诉讼。（　　）

题目出处：《广东省水污染防治条例》

22.受理备案的环境保护主管部门应当及时将备案的企业名单向社会公布。企业应当主动公开与周边可能受影响的居民、单位、区域环境等密切相关的环境应急预案信息。国家规定需要保密的情形除外。（　　）

题目出处：《企业事业单位突发环境事件应急预案备案管理办法（试行）》

23.储油储气库、加油加气站、原油成品油码头、原油成品油运输船舶和油罐车、气罐车等，应当按照国家和省的有关规定安装油气回收装置和自动监测装置并保持正常使用，每季度向生态环境主管部门报送有检测资质的机

构出具的油气排放检测报告，油气排放检测报告标准文书由省生态环境主管部门制定。（　　）

题目出处：《广东省大气污染防治条例》

24. 省人民政府可以根据水环境保护的需要，对国家水环境质量标准中已作规定的项目，制定本省地方水环境质量标准。（　　）

题目出处：《广东省水污染防治条例》

25. 根据《企业事业单位突发环境事件应急预案评审工作指南（试行）》关于环境应急预案评审人员数量的规定，原则上较大以上突发环境事件风险企业不少于3人。（　　）

题目出处：《企业事业单位突发环境事件应急预案评审工作指南（试行）》

26. 养殖专业户、畜禽散养户应当采取有效措施，防止畜禽粪便、污水渗漏、溢流、散落。（　　）

题目出处：《广东省水污染防治条例》

27. 任何单位和个人不得在城市内燃放烟花爆竹。（　　）

题目出处：《中华人民共和国大气污染防治法》

28. 突发环境事件发生在易造成重大影响的地区或重要时段时，可适当提高响应级别。（　　）

题目出处：《国家突发环境事件应急预案》

29. 突发环境事件应急处置所需经费首先由事件责任单位承担。县级以上地方人民政府对突发环境事件应急处置工作提供资金保障。（　　）

题目出处：《国家突发环境事件应急预案》

30. 因划定或者调整饮用水水源保护区，对饮用水水源保护区内的公民、法人和其他组织的权益造成损害的，有关人民政府应当依法予以补偿。（　　）

题目出处：《广东省水污染防治条例》

31. 城市人民政府每年在向本级人民代表大会或者人民代表大会常务委员会报告环境状况和环境保护目标完成情况时，应当报告大气环境质量限期达标规划或者持续达标及提升规划执行情况，并向社会公开。（　　）

题目出处：《广东省大气污染防治条例》

32. 县级以上人民政府应当采取有利于煤炭总量削减的经济、技术政策和措施，调整能源结构，推广清洁能源的开发利用，引导企业落实清洁能源替代措施。（　　）

题目出处：《广东省大气污染防治条例》

33. 地表水 I 类水域和饮用水水源保护区内已建的排污口应当依法拆除。（　　）

题目出处：《广东省水污染防治条例》

34. 已建居民住宅楼未配套设立专用烟道的，鼓励居民家庭安装油烟净化设施或者采取其他油烟净化措施，减少油烟排放。（　　）

题目出处：《广东省大气污染防治条例》

35. 核与辐射环境应急预案的备案适用《企业事业单位突发环境事件应急预案备案管理办法（试行）》。（　　）

题目出处：《企业事业单位突发环境事件应急预案备案管理办法（试行）》

36. 禁止在饮用水水源一级保护区内新建、改建、扩建建设项目。（　　）

题目出处：《广东省水污染防治条例》

37. 环境应急预案经企业有关会议审议，由企业主要负责人签署发布。（　　）

题目出处：《企业事业单位突发环境事件应急预案备案管理办法（试行）》

38. 县级以上人民政府可以依法征用或者租用饮用水水源保护区内的土地，用于涵养饮用水水源。（　　）

题目出处：《广东省水污染防治条例》

39. 环境应急预案体现自救互救、信息报告和先期处置特点，侧重明确现场组织指挥机制、应急队伍分工、信息报告、监测预警、不同情景下的应对流程和措施、应急资源保障等内容。（　　）

题目出处：《企业事业单位突发环境事件应急预案备案管理办法（试行）》

40. 企业不得自行编制环境应急预案，必须委托相关专业技术服务机构编制环境应急预案。（　　）

题目出处：《企业事业单位突发环境事件应急预案备案管理办法（试行）》

41. 地级以上市应当制定餐饮服务业的油烟、露天焚烧生物质、垃圾等产生烟尘和有毒有害气体的污染防治管理办法。（　　）

题目出处：《广东省大气污染防治条例》

42. 环境应急预案备案管理，应当遵循规范准备、属地为主、统一备案、分级管理的原则。（　　）

题目出处：《企业事业单位突发环境事件应急预案备案管理办法（试行）》

43. 根据《企业事业单位突发环境事件应急预案评审工作指南（试行）》关于环境应急预案评审人员数量的规定，原则上一般环境风险企业不少于3人。（　　）

题目出处：《企业事业单位突发环境事件应急预案评审工作指南（试行）》

44. 地级以上市、县级人民政府应当确保河流交接断面水质达到控制目标要求。水质未达到控制目标要求的，责任方应当采取有效措施，限期达标。（　　）

题目出处：《广东省水污染防治条例》

45. 较大以上环境风险企业评审专家不少于3人，可能受影响的居民代表、单位代表不少于2人。（　　）

题目出处：《企业事业单位突发环境事件应急预案评审工作指南（试行）》

46. 函审是指企业通过邮件等方式将环境应急预案文件送至评审人员分散评审。（　　）

题目出处：《企业事业单位突发环境事件应急预案评审工作指南（试行）》

47. 从事畜禽养殖、屠宰生产经营活动的单位和个人，应当及时对畜禽养殖场、养殖小区、屠宰场产生的污水、畜禽粪便等进行收集、贮存、清运和无害化处理，防止排放恶臭气体。（　　）

题目出处：《广东省大气污染防治条例》

48.《企业事业单位突发环境事件应急预案评审工作指南（试行）》规定，评审对象为环境应急预案及其相关文件，包括环境应急预案及其编制说明、环境风险评估报告、环境应急资源调查报告（表）等文本。（　　）

题目出处：《企业事业单位突发环境事件应急预案评审工作指南（试行）》

49. 较大以上环境风险企业，一般应采取会议评审方式，并对环境风险物质及环境风险单元、应急措施、应急资源等进行查看核实。（　　　）

题目出处：《企业事业单位突发环境事件应急预案评审工作指南（试行）》

50. 各评审专家评审得分的算术平均值为定量打分结果。评审得分差异过大时，评审组组长应组织进行讨论、确定定量打分结果。（　　　）

题目出处：《企业事业单位突发环境事件应急预案评审工作指南（试行）》

二、单选题

1. 废弃电器电子产品处理企业资格由 ____ 依法审批。（　　　）

A. 省人民政府生态环境主管部门

B. 省人民政府商务主管部门

C. 地级以上市人民政府生态环境主管部门

D. 市人民政府商务主管部门

题目出处：《广东省固体废物污染环境防治条例》

2.《尾矿污染环境防治管理办法》自 ____ 起施行。（　　　）

A. 2022 年 6 月 15 日　　　　　　B. 2022 年 7 月 1 日

C. 2022 年 9 月 1 日　　　　　　　D. 2022 年 3 月 15 日

题目出处：《尾矿污染环境防治管理办法》

3. 危险废物产生单位必须按照国家规定处置危险废物，不得擅自倾倒、堆放。确需临时贮存的，必须采取符合国家环境保护标准的防护措施，且贮存期限不得超过 ____ ，并向所在地县级以上人民政府生态环境主管部门报告临时贮存的时间、地点以及采取的防护措施。（　　　）

A. 六个月　　　　　　B. 一年　　　　　　C. 二年　　　　　　D. 五年

题目出处：《广东省固体废物污染环境防治条例》

4. 污染物排放口的流量计监测记录保存期限不得少于 ____ 年，视频监控记录保存期限不得少于三个月。（　　　）

A. 四　　　　　　B. 五　　　　　　C. 六　　　　　　D. 七

题目出处：《尾矿污染环境防治管理办法》

5. 危险废物运输单位应当按照有关法律、法规的规定取得 ____ ，并使用

专用车辆运输危险废物。（　　　　）

    A. 危险废物经营许可证　　　　　　B. 危险化学品经营许可

    C. 排污许可　　　　　　　　　　　D. 道路危险货物运输许可

    题目出处：《广东省固体废物污染环境防治条例》

6. ＿＿＿ 危险废物经营单位，应当永久保存危险废物经营情况档案。（　　　　）

    A. 焚烧处置危险废物的　　　　　　B. 综合利用危险废物的

    C. 收集、贮存危险废物的　　　　　D. 以填埋方式处置危险废物的

    题目出处：《广东省固体废物污染环境防治条例》

7. ＿＿＿ 在生态保护红线区域、永久基本农田集中区域、河道湖泊行洪区和其他需要特别保护的区域内建设尾矿库以及其他贮存尾矿的场所。（　　　　）

    A. 允许　　　　　　B. 禁止　　　　　　C. 支持　　　　　　D. 避免

    题目出处：《尾矿污染环境防治管理办法》

8. 危险废物经营单位应当建立危险废物经营情况档案，详细记录收集、贮存、利用、处置危险废物的种类、来源、去向、成分和有无发生突发环境事件等事项。危险废物经营情况档案应当保存 ＿＿＿ 年以上。（　　　　）

    A. 三　　　　　　B. 五　　　　　　C. 十　　　　　　D. 十五

    题目出处：《广东省固体废物污染环境防治条例》

9. ＿＿＿ 负责本行政区域尾矿污染防治工作的监督管理。（　　　　）

    A. 地方各级生态环境主管部门　　　　B. 地方各级应急管理主管部门

    C. 地方各级自然资源主管部门　　　　D. 地方县级以上生态环境主管部门

    题目出处：《尾矿污染环境防治管理办法》

10.《中华人民共和国大气污染防治法》规定，可能发生区域重污染天气的，应当及时向 ＿＿＿ 有关省、自治区、直辖市人民政府通报。（　　　　）

    A. 无污染　　　　B. 企业所在地　　　　C. 污染地区　　　　D. 重点区域内

    题目出处：《中华人民共和国大气污染防治法》

11. ＿＿＿ 尾矿的单位应当在尾矿环境管理台账中如实记录生产运营中产生尾矿的种类、数量、流向、贮存、综合利用等信息；尾矿库运营、管理单位应当在尾矿环境管理台账中如实记录尾矿库的污染防治设施建设和运行情况、

环境监测情况、污染隐患排查治理情况、突发环境事件应急预案及其落实情况等信息。（ ）

    A. 产生   B. 贮存   C. 运输   D. 综合利用

    题目出处：《尾矿污染环境防治管理办法》

12. ＿＿＿应当将报废机动车回收拆解活动中产生的固体废物的污染防治措施及其实施情况纳入报废机动车回收拆解企业的资格许可和检查中。（ ）

    A. 省人民政府商务主管部门

    B. 省人民政府生态环境主管部门

    C. 省人民政府交通运输主管部门

    D. 省人民政府工业和信息化主管部门

    题目出处：《广东省固体废物污染环境防治条例》

13.《中华人民共和国大气污染防治法》规定，禁止侵占、＿＿＿或者擅自移动、改变大气环境质量监测设施和大气污染物排放自动监测设备。（ ）

    A. 买卖   B. 损毁   C. 关闭   D. 拆除

    题目出处：《中华人民共和国大气污染防治法》

14. 排放尾矿水的，尾矿库运营、管理单位应当在排放期间，每＿＿＿至少开展一次水污染物排放监测。（ ）

    A. 年   B. 季   C. 月   D. 周

    题目出处：《尾矿污染环境防治管理办法》

15. 以下说法正确的是 ＿＿＿。（ ）

    A. 禁止在东江干流和一级支流、二级支流两岸最高水位线水平外延 500 m 范围内新建废弃物堆放场和处理场

    B. 禁止在西江干流、一级支流、二级支流两岸及流域内湖泊、水库最高水位线水平外延 500 m 范围内新建、扩建废弃物堆放场和处理场

    C. 禁止在韩江干流和一级、二级支流两岸最高水位线水平外延 500 m 范围内新建废弃物堆放场和处理场

    D. 以上说法都不正确

    题目出处：《广东省水污染防治条例》

16. ____ 在发现或者得知尾矿库突发环境事件信息后，应当按照有关规定做好应急处置、环境影响和损失调查、评估等工作。（　　　）

A. 县级以上生态环境主管部门

B. 县级以上人民政府城镇排水主管部门

C. 县级以上人民政府城市管理主管部门

D. 市级以上生态环境主管部门

题目出处：《尾矿污染环境防治管理办法》

17. 违反《中华人民共和国大气污染防治法》规定，由县级以上人民政府生态环境主管部门责令改正或者限制生产、停产整治，并处十万元以上一百万元以下的罚款的行为不包括 ____ 。（　　　）

A. 未依法取得排污许可证排放大气污染物的

B. 建筑施工或者贮存易产生扬尘的物料未采取有效措施防治扬尘污染的

C. 超过大气污染物排放标准或者超过重点大气污染物排放总量控制指标排放大气污染物的

D. 通过逃避监管的方式排放大气污染物的

题目出处：《中华人民共和国大气污染防治法》

18. ____ 生态环境主管部门负责确定本行政区域尾矿库分类分级环境监督管理清单，并加强监督管理。（　　　）

A. 国家级　　　　　B. 省级　　　　　C. 市级　　　　　D. 区级

题目出处：《尾矿污染环境防治管理办法》

19. 地级以上市人民政府应当根据 ____ ，结合本行政区域水环境改善要求及水污染防治工作的需要，控制和削减本行政区域的重点水污染物排放总量。（　　　）

A. 省下达的重点水污染物排放总量控制指标

B. 国家和省下达的重点水污染物排放总量控制指标

C. 省的污染排放总量控制规划

D. 国家和省的污染排放总量控制规划

题目出处：《广东省水污染防治条例》

20. 建设项目中 ＿＿＿＿ 应当与主体工程同时设计、同时施工、同时投入使用。（　　　　）

　　A. 污染防治设施　　　　　　　　B. 固体废物污染防治设施

　　C. 危险废物处置设施　　　　　　D. 大气治理设施

　　题目出处：《广东省固体废物污染环境防治条例》

21. 尾矿库配套的渗滤液收集池、回水池、环境应急事故池等设施的防渗要求应当 ＿＿＿＿ 该尾矿库的防渗要求，并设置防漫流设施。（　　　　）

　　A. 不高于　　　　B. 不低于　　　　C. 等于　　　　D. 远远低于

　　题目出处：《尾矿污染环境防治管理办法》

22. 违反《广东省水污染防治条例》第四十二条第二款规定，拆除、覆盖、擅自移动饮用水水源保护区地理界标、警示标志、隔离防护设施或者监控设备的，由饮用水水源保护区所在地生态环境主管部门责令改正，处 ＿＿＿＿ 的罚款。（　　　　）

　　A. 五百元以上一千元以下　　　　B. 一千元以上二千元以下

　　C. 二千元以上五千元以下　　　　D. 二千元以上一万元以下

　　题目出处：《广东省水污染防治条例》

23. 违反本办法规定，向环境排放尾矿水，未按照国家有关规定设置污染物排放口标志的，由设区的市级以上地方生态环境主管部门责令改正，给予警告；拒不改正的，处 ＿＿＿＿ 万元以下的罚款。（　　　　）

　　A. 三　　　　　　B. 五　　　　　　C. 六　　　　　　D. 十

　　题目出处：《尾矿污染环境防治管理办法》

24. 防治大气污染，应当以 ＿＿＿＿ 为目标，坚持 ＿＿＿＿ ，规划先行，转变经济发展方式，优化 ＿＿＿＿ 和布局，调整 ＿＿＿＿ 。（　　　　）

　　A. 源头治理；改善大气环境质量；产业结构；能源结构

　　B. 源头治理；改善大气环境质量；能源结构；产业结构

　　C. 改善大气环境质量；源头治理；产业结构；能源结构

　　D. 改善大气环境质量；源头治理；能源结构；产业结构

　　题目出处：《中华人民共和国大气污染防治法》

25. 对可能造成跨行政区域水体污染的，事件发生地人民政府应当及时

通报 ____ 。( )

  A. 上级人民政府   B. 上级生态环境部门

  C. 可能受到污染区域的人民政府   D. A 和 B

  题目出处:《广东省水污染防治条例》

26. 县级以上人民政府有关部门应当至少 ____ 向社会公开一次饮用水安全状况信息。( )

  A. 每月   B. 每季度   C. 每半年   D. 每年

  题目出处:《广东省水污染防治条例》

27. 尾矿库运营、管理单位应当按照国务院 ____ 有关规定,开展尾矿库突发环境事件风险评估,编制、修订、备案尾矿库突发环境事件应急预案,建设并完善环境风险防控与应急设施,储备环境应急物资,定期组织开展尾矿库突发环境事件应急演练。( )

  A. 交通运输主管部门   B. 自然资源主管部门

  C. 城市管理主管部门   D. 生态环境主管部门

  题目出处:《尾矿污染环境防治管理办法》

28.《广东省水污染防治条例》适用于本省行政区域内的 ____ 等地表水体和地下水体的污染防治。( )

  A. 江河、湖泊   B. 运河、渠道

  C. 水库   D. 以上都正确

  题目出处:《广东省水污染防治条例》

29. ____ 应当对自动监测数据的真实性和准确性负责。( )

  A. 自动监测设备厂家   B. 政府部门

  C. 重点排污单位   D. 生态环境主管部门

  题目出处:《中华人民共和国大气污染防治法》

30. 未纳入全省水功能区划的水体,由 ____ 根据水环境保护的需要,会同同级有关部门编制其水功能区划。( )

  A. 地级以上市人民政府

  B. 县级以上人民政府

C. 地级以上市人民政府生态环境主管部门

D. 县级以上人民政府生态环境主管部门

题目出处:《广东省水污染防治条例》

31. 产生尾矿的单位和尾矿库运营、管理单位应当于每年 ＿＿＿ 之前通过全国固体废物污染环境防治信息平台填报上一年度产生的相关信息。(　　)

　　A. 1 月 31 日　　　B. 3 月 31 日　　　C. 5 月 31 日　　　D. 8 月 31 日

题目出处:《尾矿污染环境防治管理办法》

32. 排污单位应当保障水污染防治设施正常运行,不得擅自闲置或者拆除;确需闲置、拆除的,应当提前 ＿＿＿ 向所在地生态环境主管部门书面申请,经批准后方可闲置、拆除。(　　)

　　A. 十日　　　　　B. 十五日　　　　C. 二十日　　　　D. 三十日

题目出处:《广东省水污染防治条例》

33. ＿＿＿ 还应当按照规定安装水污染物排放自动监测设备,保证自动监测设备正常运行,定期对自动监测设备开展质量控制和质量保证工作,确保自动监测数据完整、有效,并与生态环境主管部门的监控设备联网。(　　)

　　A. 重点排污单位　　　　　　　　B. 特殊排污单位

　　C. 一般排污单位　　　　　　　　D. 以上均不正确

题目出处:《广东省水污染防治条例》

34. 因环境污染造成设区的市级以上城市集中式饮用水水源地取水中断的,是 ＿＿＿ 。(　　)

　　A. 特别重大突发环境事件　　　　B. 重大突发环境事件

　　C. 较大突发环境事件　　　　　　D. 一般突发环境事件

题目出处:《国家突发环境事件应急预案》

35. 城市人民政府可以划定并公布高污染燃料禁燃区,并根据大气环境质量改善要求,逐步扩大高污染燃料禁燃区范围。高污染燃料的目录由 ＿＿＿ 确定。(　　)

　　A. 省级以上人民政府生态环境主管部门

　　B. 县级以上人民政府生态环境主管部门

C. 国务院生态环境主管部门会同国务院卫生行政主管部门

D. 国务院生态环境主管部门

题目出处:《中华人民共和国大气污染防治法》

36. 环境监测机构违反《广东省水污染防治条例》第二十三条第三款规定,未按照环境监测规范从事环境监测活动,造成监测数据失实的,由所在地生态环境主管部门责令改正,并可处 ____ 的罚款。(　　)

　　A. 二万元以上五万元以下　　　　　B. 二万元以上十万元以下

　　C. 五万元以上十万元以下　　　　　D. 十万元以上二十万元以下

题目出处:《广东省水污染防治条例》

37. 单一饮用水水源供水城市的人民政府应当建设 ____ 。(　　)

　　A. 应急水源　　　B. 备用水源　　　C. A 和 B　　　D. A 或 B

题目出处:《广东省水污染防治条例》

38. 新建、改建、扩建新增排放重点大气污染物的建设项目,建设单位应当在报批环境影响评价文件前按照规定向 ____ 申请取得重点大气污染物排放总量控制指标。(　　)

　　A. 人民政府　　　　　　　　　　　B. 生态环境主管部门

　　C. 上一级人民政府　　　　　　　　D. 上一级生态环境主管部门

题目出处:《广东省大气污染防治条例》

39. 地方环境保护主管部门研判可能发生突发环境事件时,应当及时向 ____ 提出预警信息发布建议,同时通报 ____ 。(　　)

　　A. 上级环境保护部门;同级相关部门和单位

　　B. 上级环境保护部门;本级人民政府

　　C. 本级人民政府;同级相关部门和单位

　　D. 本级人民政府;相关人民政府

题目出处:《国家突发环境事件应急预案》

40. 在饮用水水源保护区利用船舶运输剧毒物品、危险废物以及国家规定禁止运输的其他危险化学品的,由海事管理机构责令改正,处 ____ 的罚款。(　　)

A. 五万元以上十万元以下　　　　　　B. 五万元以上二十万元以下

C. 十万元以上二十万元以下　　　　　D. 五万元以上三十万元以下

题目出处:《广东省水污染防治条例》

41. 国家对重点大气污染物排放实行 ____ 控制。(　　　)

A. 区域　　　　　B. 种类　　　　　C. 总量　　　　　D. 浓度

题目出处:《中华人民共和国大气污染防治法》

42. 运输剧毒物品的车辆在饮用水水源保护区内通行的,由 ____ 依法给予处罚。(　　　)

A. 饮用水水源保护区管理机构　　　　B. 海事管理机构

C. 生态环境部门　　　　　　　　　　D. 公安机关

题目出处:《广东省水污染防治条例》

43. 因环境污染造成县级城市集中式饮用水水源地取水中断的,是 ____ 。(　　　)

A. 特别重大突发环境事件　　　　　　B. 重大突发环境事件

C. 较大突发环境事件　　　　　　　　D. 一般突发环境事件

题目出处:《国家突发环境事件应急预案》

44. 因环境污染造成乡镇集中式饮用水水源地取水中断的,是 ____ 。(　　　)

A. 特别重大突发环境事件　　　　　　B. 重大突发环境事件

C. 较大突发环境事件　　　　　　　　D. 一般突发环境事件

题目出处:《国家突发环境事件应急预案》

45. 违反《广东省水污染防治条例》第四十三条第二款规定,在饮用水水源一级保护区内停泊与保护水源无关的船舶、木排、竹排的,由海事管理机构、农业农村主管部门或者其他负有水污染防治监督管理职责的部门责令改正, ____ 的罚款。(　　　)

A. 并处二千元以下　　　　　　　　　B. 可以处二千元以下

C. 并处一千元以下　　　　　　　　　D. 可以处一千元以下

题目出处:《广东省水污染防治条例》

46. 污水集中处理设施的排污口位置设置应当符合 ____ 的要求。（   ）

A. 水功能区划 　　　　　　　　　　　B. 水资源保护规划

C. 防洪规划 　　　　　　　　　　　　D. 以上均正确

题目出处：《广东省水污染防治条例》

47. 初判发生较大突发环境事件，启动 ____ 级应急响应，由事发地 ____ 负责应对工作。（   ）

A. Ⅳ；县级人民政府 　　　　　　　　B. Ⅲ；县级人民政府

C. Ⅳ；设区的市级人民政府 　　　　　D. Ⅲ；设区的市级人民政府

题目出处：《国家突发环境事件应急预案》

48. 运输煤炭、垃圾、渣土、土方、砂石和灰浆等散装、流体物料的车辆应当密闭运输，配备 ____ ，并按照规定的时间、路线行驶。（   ）

A. 语音提醒装置 　　　　　　　　　　B. 全时录像装置

C. 监控装置 　　　　　　　　　　　　D. 卫星定位装置

题目出处：《广东省大气污染防治条例》

49. 在饮用水水源保护区内从事船舶制造、修理、拆解作业，由所在地生态环境主管部门责令停止违法行为，处 ____ 的罚款。（   ）

A. 一万元以上二万元以下 　　　　　　B. 二万元以上五万元以下

C. 五万元以上十万元以下 　　　　　　D. 十万元以上十五万元以下

题目出处：《广东省水污染防治条例》

50. 突发环境事件发生后，涉事企业事业单位或其他生产经营者必须采取应对措施，并立即向 ____ 报告，同时通报 ____ 。（   ）

A. 当地人民政府；可能受到污染危害的单位和居民

B. 当地人民政府；当地环境保护主管部门和相关部门

C. 当地环境保护主管部门和相关部门；当地人民政府

D. 当地环境保护主管部门和相关部门；可能受到污染危害的单位和居民

题目出处：《国家突发环境事件应急预案》

51. 根据《企业事业单位突发环境事件应急预案评审工作指南（试行）》关于环境应急预案评审人员数量的规定，较大以上环境风险企业评审专家不

少于 ＿＿＿ 人，可能受影响的居民代表、单位代表不少于 ＿＿＿ 人。（　　）

A. 3；2　　　　　B. 2；3　　　　　C. 4；1　　　　　D. 1；4

题目出处：《企业事业单位突发环境事件应急预案评审工作指南（试行）》

52. 国家环境应急指挥部应急监测组工作职责不包括 ＿＿＿ 。（　　）

A. 组织采取有效措施，消除或减轻已经造成的污染

B. 明确相应的应急监测方案及监测方法

C. 确定污染物扩散范围，明确监测的布点和频次

D. 协调军队力量参与应急监测

题目出处：《国家突发环境事件应急预案》

53. 大气环境质量限期达标规划和持续达标及提升规划应当向社会公开。＿＿＿ 的大气环境质量限期达标规划应当报国务院生态环境主管部门备案，持续达标及提升规划应当报省人民政府生态环境主管部门备案。（　　）

A. 地级以上市人民政府　　　　　B. 县级以上人民政府

C. 地市级生态环境部门　　　　　D. 县级生态环境部门

题目出处：《广东省大气污染防治条例》

54. 在饮用水水源保护区内利用码头等设施或者船舶装卸油类、垃圾、粪便、煤、有毒有害物品的，由所在地生态环境主管部门责令停止违法行为，处 ＿＿＿ 的罚款。（　　）

A. 一万元以上十万元以下　　　　　B. 一万元以上二十万元以下

C. 五万元以上十万元以下　　　　　D. 五万元以上二十万元以下

题目出处：《广东省水污染防治条例》

55. 生物质锅炉应当以经过加工的木本植物或者 ＿＿＿ 为燃料，禁止掺杂添加燃烧后产生有毒有害烟尘和恶臭气体的其他物质，并配备高效除尘设施，按照国家和省的有关规定安装自动监控或者监测设备。（　　）

A. 煤炭　　　　　B. 有机物质　　　　　C. 石油　　　　　D. 草本植物

题目出处：《广东省大气污染防治条例》

56. 受理部门收到企业提交的环境应急预案备案文件后，应当在 ＿＿＿ 个工作日内进行核对。文件齐全的，出具加盖行政机关印章的突发环境事件应

急预案备案表。（　　）

A. 3　　　　　　　B. 5　　　　　　　C. 10　　　　　　　D. 15

题目出处：《企业事业单位突发环境事件应急预案备案管理办法（试行）》

57. 工业涂装企业应当使用低挥发性有机物含量的涂料，并建立台账，如实记录生产原料、辅料的使用量、废弃量、去向以及挥发性有机物含量并向县级以上人民政府生态环境主管部门申报。台账保存期限不少于 ＿＿ 年。（　　）

A. 一　　　　　　B. 二　　　　　　C. 三　　　　　　D. 四

题目出处：《广东省大气污染防治条例》

58. 地级以上市人民政府应当加快淘汰高排放公交、邮政、环卫、出租等车辆，制定更新淘汰计划，鼓励推广应用 ＿＿ 、氢能源等新能源汽车，加快其配套设施建设，限制高油耗、高排放车辆的使用。（　　）

A. 纯电　　　　　B. 锂能源　　　　C. 天然气　　　　D. 太阳能

题目出处：《广东省大气污染防治条例》

59. 对可以预警的突发环境事件，按照事件发生的可能性大小、紧急程度和可能造成的危害程度，将预警分为四级，由低到高依次用 ＿＿ 表示。（　　）

A. 黄色、蓝色、橙色、红色　　　　B. 蓝色、黄色、橙色、红色

C. 蓝色、橙色、黄色、红色　　　　D. 蓝色、黄色、红色、橙色

题目出处：《国家突发环境事件应急预案》

60. 排放油烟的餐饮场所应当安装油烟净化设施并保持正常使用，或者采取其他油烟净化措施，使油烟达标排放；产生异味的餐饮场所还应当安装异味处理设施；大中型餐饮场所还应当安装 ＿＿ 。（　　）

A. 语音提醒装置　　　　　　　　B. 全时录像装置

C. 在线监控监测设备　　　　　　D. 除噪装置

题目出处：《广东省大气污染防治条例》

61. 生物质锅炉未配备高效除尘设施，未按照国家和省的有关规定安装自动监控或者监测设备的，由县级以上人民政府生态环境主管部门责令改正，

处 ＿＿ 的罚款；拒不改正的，责令停产整治。（　　　）

A. 二万元以上二十万元以下　　　　B. 一万元以上十万元以下

C. 二万元以上　　　　　　　　　　D. 五万元以上

题目出处：《广东省大气污染防治条例》

62. 环境应急预案备案管理，应当遵循规范准备、＿＿＿、统一备案、分级管理的原则。（　　　）

A. 因地制宜　　　B. 合理部署　　　C. 属地为主　　　D. 快速反应

题目出处：《企业事业单位突发环境事件应急预案备案管理办法（试行）》

63. 跨县级以上行政区域的企业环境应急预案，应当向沿线或跨域涉及的县级环境保护主管部门备案。县级环境保护主管部门应当将备案的跨县级以上行政区域企业的环境应急预案备案文件，报送 ＿＿＿ 。（　　　）

A. 上一级党委政府　　　　　　　　B. 县级人民政府

C. 市级环境保护主管部门　　　　　D. 市级人民政府

题目出处：《企业事业单位突发环境事件应急预案备案管理办法（试行）》

64. 重点大气污染物排放实行总量控制制度。重点大气污染物包括国家确定的 ＿＿＿ 、氮氧化物等污染物和本省确定的挥发性有机物等污染物。（　　　）

A. 二氧化硅　　　B. 二氧化氯　　　C. 二氧化硫　　　D. 二氧化钛

题目出处：《广东省大气污染防治条例》

65. 提交的环境应急预案备案文件不齐全的，受理部门应当责令企业补齐相关文件，并按期再次备案。再次备案的期限，＿＿＿。受理部门应当一次性告知需要补齐的文件。（　　　）

A. 10 日内完成　　　　　　　　　　B. 15 日内完成

C. 30 日内完成　　　　　　　　　　D. 由受理部门根据实际情况确定

题目出处：《企业事业单位突发环境事件应急预案备案管理办法（试行）》

66. 违反《中华人民共和国大气污染防治法》规定，单位燃用不符合质量标准的煤炭、石油焦的，由 ＿＿＿ 责令改正，处货值金额一倍以上三倍以下的罚款。（　　　）

A. 县级以上人民政府生态环境主管部门

B. 市级以上人民政府生态环境主管部门

C. 县级以上人民政府

D. 市级以上人民政府

题目出处:《中华人民共和国大气污染防治法》

67.《中华人民共和国大气污染防治法》规定,生态环境主管部门应当及时对突发环境事件产生的 ____ 进行监测,并向社会公布监测信息。(   )

A. 大气污染物　　　B. 雾霾　　　　　C. 一氧化碳　　　D. PM$_{2.5}$ 指数

题目出处:《中华人民共和国大气污染防治法》

68. ____ 对大气污染防治实施统一监督管理。(   )

A. 县级以上人民政府生态环境主管部门

B. 市级以上人民政府生态环境主管部门

C. 县级以上生态环境主管部门

D. 市级以上生态环境主管部门

题目出处:《广东省大气污染防治条例》

69. 封堵、改变专用烟道或者向城市地下排水管道排放油烟的,由县级以上人民政府确定的监督管理部门责令限期改正;逾期不改正的,处 ____ 的罚款。(   )

A. 五千元以上二万元以下　　　　　B. 一万元以上二万元以下

C. 一万元以上五万元以下　　　　　D. 二万元以上五万元以下

题目出处:《广东省大气污染防治条例》

70. 企业环境应急预案应当在环境应急预案签署发布之日起 ____ 个工作日内,向企业所在地县级环境保护主管部门备案。(   )

A. 10　　　　　B. 20　　　　　C. 30　　　　　D. 60

题目出处:《企业事业单位突发环境事件应急预案备案管理办法（试行）》

71. 城市建成区建设项目的施工现场出入口应当安装监控车辆出场冲洗情况及车辆车牌号码视频监控设备;建筑面积在 ____ m^2 以上的,还应当安装颗粒物在线监测系统。(   )

A. 2 万　　　　　B. 3 万　　　　　C. 5 万　　　　　D. 10 万

题目出处：《广东省大气污染防治条例》

72. 环境应急预案体现 ____、信息报告和先期处置特点，侧重明确现场组织指挥机制、应急队伍分工、信息报告、监测预警、不同情景下的应对流程和措施、应急资源保障等内容。（   ）

A. 自救互救   B. 监测预警   C. 快速反应   D. 快速处置

题目出处：《企业事业单位突发环境事件应急预案备案管理办法（试行）》

73. 企业结合环境应急预案实施情况，至少每 ____ 年对环境应急预案进行一次回顾性评估。（   ）

A. 二   B. 三   C. 五   D. 六

题目出处：《企业事业单位突发环境事件应急预案备案管理办法（试行）》

74. 施工单位未建立扬尘污染防治工作台账的，由县级以上人民政府住房城乡建设等主管部门按照职责责令改正，处 ____ 的罚款；拒不改正的，责令停工整治。（   ）

A. 五千元以上二万元以下   B. 一万元以上二万元以下

C. 一万元以上五万元以下   D. 二万元以上五万元以下

题目出处：《广东省大气污染防治条例》

75. 县级环境保护主管部门应当在备案之日起 ____ 个工作日内将较大和重大环境风险企业的环境应急预案备案文件，报送市级环境保护主管部门，重大的同时报送省级环境保护主管部门。（   ）

A. 5   B. 10   C. 15   D. 20

题目出处：《企业事业单位突发环境事件应急预案备案管理办法（试行）》

76. ____ 应当根据重污染天气预警等级，及时启动应急预案，根据应急需要采取相应响应措施。（   ）

A. 县级以上人民政府   B. 市级以上人民政府

C. 县级以上生态环境部门   D. 市级以上生态环境部门

题目出处：《广东省大气污染防治条例》

77.《中华人民共和国大气污染防治法》规定，省、自治区、直辖市、设区的市人民政府以及可能发生重污染天气的县级人民政府，应当制定重污染

天气应急预案，向上一级人民政府生态环境主管部门备案，并 ____ 公布。（ ）

A. 向社会　　　　　　B. 不定期　　　　　C. 定期　　　　　　　D. 不予

题目出处：《中华人民共和国大气污染防治法》

78. ____ 不属于突发环境事件风险评估重点评审的内容。（ ）

A. 风险分析是否合理

B. 情景构建是否全面

C. 应急资源的调查内容是否全面

D. 完善风险防范措施的计划是否可行

题目出处：《企业事业单位突发环境事件应急预案评审工作指南（试行）》

79. 关于应急预案评审，下面说法不正确的是 ____ 。（ ）

A. 评审结论可参照以下原则确定：定量打分结果大于80分（含80分）的，为通过评审

B. 评审结论可参照以下原则确定：定量打分结果小于60分（不含60分）的，为未通过评审

C. 评审结论可参照以下原则确定：定量打分结果为60分（含60分）至80分（不含80分）的，为原则通过但需进行修改复核

D. 定性判断结果为未通过评审的，再进行评审专家定量打分，若平均分大于60分（含60分），为原则通过但需进行修改复核

题目出处：《企业事业单位突发环境事件应急预案评审工作指南（试行）》

80. 在禁止使用高排放非道路移动机械区域使用高排放非道路移动机械的，由县级以上人民政府生态环境等主管部门按照职责责令改正，处 ____ 的罚款；情节严重的，责令停工整治。（ ）

A. 一万元　　　　　　　　　　　B. 两万元

C. 一万元以上五万元以下　　　　D. 两万元以上五万元以下

题目出处：《广东省大气污染防治条例》

81. 重污染天气应急预案应当向 ____ 备案，并向社会公布。制定重污染天气应急预案应当充分听取社会各方面意见。（ ）

A. 本级人民政府

B. 本级应急管理部门

C. 上一级人民政府

D. 上一级人民政府生态环境主管部门

题目出处：《广东省大气污染防治条例》

82. 国家鼓励和支持大气污染防治科学技术研究，开展对大气污染来源及其 ____ 的分析，推广先进适用的大气污染防治技术和装备，促进科技成果转化，发挥科学技术在大气污染防治中的支撑作用。(　　　)

A. 去向　　　　　　B. 危害性　　　　　C. 处理方法　　　　D. 变化趋势

题目出处：《中华人民共和国大气污染防治法》

83. 环境应急预案个别内容进行调整、需要告知环境保护主管部门的，应当在发布之日起 ____ 个工作日内以文件形式告知原受理部门。(　　　)

A. 10　　　　　　　B. 20　　　　　　　C. 30　　　　　　　D. 60

题目出处：《企业事业单位突发环境事件应急预案备案管理办法（试行）》

84.《中华人民共和国大气污染防治法》规定，对超过国家重点大气污染物排放总量控制指标或者未完成国家下达的大气环境质量改善目标的地区，省级以上人民政府生态环境主管部门应当会同有关部门 ____ 该地区人民政府的主要负责人，并暂停审批该地区新增重点大气污染物排放总量的建设项目环境影响评价文件。(　　　)

A. 批评　　　　　　B. 约谈　　　　　　C. 处罚　　　　　　D. 起诉

题目出处：《中华人民共和国大气污染防治法》

85. 根据《企业事业单位突发环境事件应急预案评审工作指南（试行）》关于环境应急预案评审人员数量的规定，原则上一般环境风险企业不少于 ____ 人。(　　　)

A. 1　　　　　　　　B. 3　　　　　　　　C. 5　　　　　　　　D. 10

题目出处：《企业事业单位突发环境事件应急预案评审工作指南（试行）》

86. ____ 以上地方人民政府生态环境主管部门可以在 ____ 、维修地对在用机动车的大气污染物排放状况进行监督抽测。(　　　)

A. 市级；机动车集中停放地　　　B. 县级；机动车集中停放地
C. 市级；高速公路　　　　　　　D. 县级；高速公路
题目出处：《中华人民共和国大气污染防治法》

87. 违反《中华人民共和国大气污染防治法》规定，以临时更换机动车污染控制装置等弄虚作假的方式通过机动车排放检验或者破坏机动车车载排放诊断系统的，由县级以上人民政府生态环境主管部门责令改正，对机动车所有人处 ____ 的罚款。（　　）

A. 五百元　　　B. 一千元　　　C. 两千元　　　D. 五千元
题目出处：《中华人民共和国大气污染防治法》

88. 根据《企业事业单位突发环境事件应急预案评审工作指南（试行）》关于环境应急预案评审人员数量的规定，原则上较大以上突发环境事件风险企业不少于 ____ 人。（　　）

A. 1　　　　　B. 3　　　　　C. 5　　　　　D. 10
题目出处：《企业事业单位突发环境事件应急预案评审工作指南（试行）》

89.《中华人民共和国大气污染防治法》规定，储油储气库、加油加气站、原油成品油码头、原油成品油 ____ 和油罐车、气罐车等，应当按照国家有关规定安装油气回收装置并保持正常使用。（　　）

A. 生产车间　　B. 仓库　　　C. 运输船舶　　D. 使用单位
题目出处：《中华人民共和国大气污染防治法》

90.《中华人民共和国大气污染防治法》规定，企业事业单位和其他生产经营者在生产经营活动中产生恶臭气体的，应当科学 ____ ，设置合理的防护距离，并安装净化装置或者采取其他措施，防止排放恶臭气体。（　　）

A. 建设　　　　B. 管理　　　C. 选址　　　D. 运行
题目出处：《中华人民共和国大气污染防治法》

91. 在集中供热管网覆盖地区，禁止 ____ 、扩建分散燃煤供热锅炉。（　　）

A. 改建　　　　B. 新建　　　C. 乱建　　　D. 拆除
题目出处：《中华人民共和国大气污染防治法》

92. 从事危险废物 ____ 、贮存、利用、处置的企业事业单位和其他生产

经营者，应当取得危险废物经营许可证。（　　　）

　　A. 收集　　　　　　B. 产生　　　　　　C. 运输　　　　　　D. 回收

　　题目出处：《广东省固体废物污染环境防治条例》

　　93. 国家建立重点区域大气污染 ____ 机制，统筹协调重点区域内大气污染防治工作。（　　　）

　　A. 统一排放标准　　B. 综合治理　　　　C. 联防联控　　　　D. 统一管理

　　题目出处：《中华人民共和国大气污染防治法》

　　94. 违反《中华人民共和国大气污染防治法》规定，建设单位未对暂时不能开工的建设用地的裸露地面进行覆盖，或者未对超过 ____ 不能开工的建设用地的裸露地面进行绿化、铺装或者遮盖的，由县级以上人民政府住房城乡建设等主管部门依照前款规定予以处罚。（　　　）

　　A. 一个月　　　　　B. 三个月　　　　　C. 六个月　　　　　D. 十二个月

　　题目出处：《中华人民共和国大气污染防治法》

　　95. ____ 负责本行政区域内城镇污水处理设施维护运营单位污泥利用或者处置的监督管理。（　　　）

　　A. 县级以上人民政府生态环境主管部门

　　B. 县级以上人民政府城镇排水与污水处理主管部门

　　C. 县级以上人民政府城市管理主管部门

　　D. 县级以上人民政府工业和信息化主管部门

　　题目出处：《广东省固体废物污染环境防治条例》

　　96.《中华人民共和国大气污染防治法》规定，国家逐步推行 ____ 交易。（　　　）

　　A. 重点大气污染物排污权　　　　　B. 节能量排污权

　　C. 碳排放权　　　　　　　　　　　D. 碳排污权

　　题目出处：《中华人民共和国大气污染防治法》

　　97. 企业事业单位和其他生产经营者向大气排放污染物的，应当依照法律法规和 ____ 的规定设置大气污染物排放口。（　　　）

　　A. 国务院生态环境主管部门　　　　B. 省级生态环境主管部门

C. 市级生态环境主管部门　　　　　　D. 县级生态环境主管部门

题目出处:《中华人民共和国大气污染防治法》

98. 重点环境监管尾矿库企业在编制预案之前,要依照环境风险评估报告中的环境安全隐患排查表,开展环境安全隐患排查,并完成 ____ 的治理工作。对于排查中发现的 ____,作为预案设定的预警条件之一。(　　　)

A. 一般环境安全隐患;重大环境安全隐患

B. 环境安全隐患;环境安全隐患

C. 一般环境安全隐患;突出环境安全隐患

D. 环境安全隐患;突出环境安全隐患

题目出处:《尾矿库环境应急预案编制指南》

99. 违反《中华人民共和国大气污染防治法》规定,造成大气污染事故的,由县级以上人民政府生态环境主管部门依照第一百二十二条第二款的规定处以罚款;对直接负责的主管人员和其他直接责任人员可以处____ 从本企业事业单位取得收入 ____ 以下的罚款。(　　　)

A. 上一年度;全额　　　　　　B. 上一年度;百分之五十

C. 当年;全额　　　　　　　　D. 当年;百分之五十

题目出处:《中华人民共和国大气污染防治法》

100. 贮存煤炭、煤矸石、煤渣、煤灰、水泥、石灰、石膏、砂土等易产生扬尘的物料应当密闭;不能密闭的,应当设置 ____ 的严密围挡,并采取____ 措施防治扬尘污染。(　　　)

A. 不低于堆放物高度;洒水喷淋　　B. 不低于堆放物高度;有效覆盖

C. 不超过堆放物高度;洒水喷淋　　D. 不超过堆放物高度;有效覆盖

题目出处:《中华人民共和国大气污染防治法》

三、多选题

1. 开展 ____ 等尾矿综合利用单位,应当按照国家有关规定采取相应措施,防止造成二次环境污染。(　　　　　　　)

A. 尾矿充填　　　　　　　　B. 回填

C. 利用尾矿提取有价组分　　D. 生产建筑材料

题目出处：《尾矿污染环境防治管理办法》

2. 各级人民政府及其有关部门应当加强水环境保护的宣传教育，____。
（　　　　　　）

A. 增强公众水环境保护意识

B. 拓展公众参与水环境保护渠道

C. 充分听取公众对重大决策的意见

D. 引导公众依法参与水环境保护

题目出处：《广东省水污染防治条例》

3. 县级以上生态环境主管部门在发现或者得知尾矿库突发环境事件信息后，应当按照有关规定做好 ____ 等工作。（　　　　　　）

A. 应急处置　　　　　　　　　B. 环境影响和损失调查

C. 评估　　　　　　　　　　　D. 采样

题目出处：《尾矿污染环境防治管理办法》

4. 省人民政府应当推进水环境生态补偿制度和标准体系建设，通过资金补偿、对口协作、产业转移、人才培训、共建园区等方式，推动受益地区与____ 建立生态补偿关系。（　　　　　　）

A. 上游地区　　　B. 受水地区　　　C. 受损地区　　　D. 供水地区

题目出处：《广东省水污染防治条例》

5.《中华人民共和国大气污染防治法》规定，发生造成大气污染的突发环境事件，人民政府及其有关部门和相关企业事业单位，应当依照 ____ 的规定，做好应急处置工作。（　　　　　　）

A.《中华人民共和国突发事件应对法》

B.《中华人民共和国环境保护法》

C.《国家突发环境事件应急预案》

D.《突发环境事件调查处理方法》

题目出处：《中华人民共和国大气污染防治法》

6. 省级生态环境主管部门应当加强对 ____ 尾矿库建设项目环境影响评价审批程序、审批结果的监督与评估。（　　　　　　）

A. 新建　　　　B. 关闭　　　　C. 改建　　　　D. 扩建

题目出处：《尾矿污染环境防治管理办法》

7. 实行排污许可管理的企业事业单位和其他生产经营者，应当按照规定向生态环境主管部门申领排污许可证，并按照排污许可证载明的排放水污染物 ____ 等要求排放水污染物。（　　　　　　）

A. 种类、浓度　　　　　　　　B. 总量

C. 排污口位置、排放去向　　　D. 排放时间

题目出处：《广东省水污染防治条例》

8. 县级以上人民政府应当采取 ____ 等措施，加强黑臭水体整治，并定期向社会公布治理情况。（　　　　　　）

A. 控源截污　　　B. 垃圾清理　　　C. 清淤疏浚　　　D. 生态修复

题目出处：《广东省水污染防治条例》

9. 以下哪些属于生活垃圾中的有害垃圾。（　　　　　　）

A. 废药品　　　　　　　　　　B. 废杀虫剂

C. 不含汞干电池　　　　　　　D. 废胶片及废像纸

10. 县级以上人民政府城镇排水主管部门应当加强对排水户的 ____ 的指导和监督。（　　　　　　）

A. 排放口设置

B. 连接管网

C. 预处理设施

D. 水质、水量监测设施建设和运行

题目出处：《广东省水污染防治条例》

11. 企业环境应急预案首次备案，现场办理时应当提交下列文件：____ 。（　　　　　　）

A. 突发环境事件应急预案备案表

B. 环境应急预案及编制说明的纸质文件和电子文件，环境应急预案包括环境应急预案的签署发布文件、环境应急预案文本；编制说明包括编制过程概述、重点内容说明、征求意见及采纳情况说明、评审情况说明

C. 环境风险评估报告的纸质文件和电子文件

D. 环境应急资源调查报告的纸质文件和电子文件

E. 环境应急预案评审意见的纸质文件和电子文件

题目出处：《企业事业单位突发环境事件应急预案备案管理办法（试行）》

12. 突发环境事件发生后，事发地人民政府应 ＿＿＿ 。（　　　　　　）

A. 采用监测和模拟等手段追踪污染气体扩散途径和范围

B. 采取拦截、导流、疏浚等形式防止水体污染扩大

C. 采取隔离、吸附、打捞、氧化还原、中和、沉淀、消毒、去污洗消、临时收贮、微生物消解、调水稀释、转移异地处置、临时改造污染处置工艺或临时建设污染处置工程等方法处置污染物

D. 组织制订综合治污方案

题目出处：《国家突发环境事件应急预案》

13. 县级以上人民政府农业农村主管部门和其他有关部门应当指导农业生产者 ＿＿＿ 。（　　　　　　）

A. 科学、合理施用化肥和农药

B. 减少施用化肥

C. 推广精准施肥、节水灌溉技术和高效低毒低残留农药

D. 推广喷肥无人机

题目出处：《广东省水污染防治条例》

14. 对以下突发环境事件信息，省级人民政府和环境保护部应当立即向国务院报告： ＿＿＿ 。（　　　　　　）

A. 初判为较大及以上突发环境事件

B. 可能或已引发大规模群体性事件的突发环境事件

C. 可能造成国际影响的境内突发环境事件

D. 境外因素导致或可能导致我境内突发环境事件

题目出处：《国家突发环境事件应急预案》

15. 饮用水水源保护区的划定或者调整方案经批准后，有关地方人民政府应当 ＿＿＿ 。（　　　　　　）

A. 组织开展饮用水水源保护区规范化建设

B. 在饮用水水源保护区边界设立明确的地理界标和明显的警示标志

C. 在饮用水水源一级保护区周边人类活动频繁的区域设置隔离防护设施

D. 在取水口周围安装监控设备

题目出处：《广东省水污染防治条例》

16. 企业事业单位和其他生产经营者应当（　　　　　）。

A. 落实环境安全主体责任　　　　　B. 定期排查环境安全隐患

C. 开展环境风险评估　　　　　　　D. 健全风险防控措施

题目出处：《国家突发环境事件应急预案》

17. 县级以上人民政府有关部门依照有关法律、法规规定和本级人民政府关于生态环境保护工作的职责分工，按照下列规定，履行大气污染防治监督管理职责：＿＿＿。（　　　　　　　）

A. 工业污染防治的监督管理

B. 移动源污染防治的监督管理

C. 扬尘污染防治的监督管理

D. 其他大气污染防治的监督管理由有关部门在各自职责范围内组织实施

题目出处：《广东省大气污染防治条例》

18. 机动车排放检验机构应当遵守下列规定：＿＿＿。（　　　　　　　）

A. 依法获得计量认证证书

B. 机动车排放检验使用的仪器、设备经依法检定合格

C. 依据法定的检测方法、检测标准实施机动车排放检验

D. 出具真实、准确的机动车排放检验结果

题目出处：《广东省大气污染防治条例》

19. 环境保护主管部门对以下企业环境应急预案备案的指导和管理，适用本办法：＿＿＿。（　　　　　　　）

A. 可能发生突发环境事件的污染物排放企业，包括污水、生活垃圾集中处理设施的运营企业

B. 生产、储存、运输、使用危险化学品的企业

C. 产生、收集、贮存、运输、利用、处置危险废物的企业

D. 涉核企业

题目出处：《企业事业单位突发环境事件应急预案备案管理办法（试行）》

20. 企业结合环境应急预案实施情况，至少每三年对环境应急预案进行一次回顾性评估。有下列情形之一的，及时修订：____ 。（　　　　　　　）

A. 面临的环境风险发生重大变化，需要重新进行环境风险评估的

B. 应急管理组织指挥体系与职责发生重大变化的

C. 环境应急监测预警及报告机制、应对流程和措施、应急保障措施发生重大变化的

D. 重要应急资源发生重大变化的

E. 在突发事件实际应对和应急演练中发现问题，需要对环境应急预案作出重大调整的

题目出处：《企业事业单位突发环境事件应急预案备案管理办法（试行）》

21. 尾矿库污染隐患排查治理工作方法一般包括 ____ 。（　　　　　　）

A. 资料收集　　　　B. 现场排查　　　　C. 风险评估　　　　D. 治理

E. 成效核查

题目出处：《尾矿库污染隐患排查治理工作指南（试行）》

22. 受理部门及其工作人员违反本办法，有下列情形之一的，由环境保护主管部门或其上级环境保护主管部门责令改正；情节严重的，依法给予行政处分：____ 。（　　　　　　）

A. 对备案文件齐全的不予备案或者拖延处理的

B. 对备案文件不齐全的予以接受的

C. 不按规定一次性告知企业须补齐的全部备案文件的

D. 态度不端正

题目出处：《企业事业单位突发环境事件应急预案备案管理办法（试行）》

23. 县级以上人民政府应当根据重污染天气预警等级，及时启动应急预案，根据应急需要采取相应响应措施：____ 。（　　　　　　）

A. 企业可正常生产

B. 限制部分机动车行驶、限制非道路移动机械使用

C. 禁止燃放烟花爆竹，禁止生物质、垃圾露天焚烧和露天烧烤

D. 增加洒水频次

题目出处：《广东省大气污染防治条例》

24. 企业按照以下步骤制定环境应急预案：____。（   ）

A. 开展环境风险评估和应急资源调查

B. 编制环境应急预案

C. 评审和演练环境应急预案

D. 签署发布环境应急预案

题目出处：《企业事业单位突发环境事件应急预案备案管理办法（试行）》

25. 根据《企业事业单位突发环境事件应急预案评审工作指南（试行）》相关规定，环境应急预案评审人员一般包括 ____。（   ）

A. 具有相关领域专业知识、实践经验的专家

B. 可能受影响的居民代表、单位代表

C. 监管部门公务员

D. 与企业有利害关系的人员

题目出处：《企业事业单位突发环境事件应急预案评审工作指南（试行）》

26. 违反《中华人民共和国大气污染防治法》规定，企业事业单位和其他生产经营者有下列 ____ 行为之一，受到罚款处罚，被责令改正，拒不改正的，依法作出处罚决定的行政机关可以自责令改正之日的次日起，按照原处罚数额按日连续处罚。（   ）

A. 未依法取得排污许可证排放大气污染物的

B. 超过大气污染物排放标准或者超过重点大气污染物排放总量控制指标排放大气污染物的

C. 通过逃避监管的方式排放大气污染物的

D. 建筑施工或者贮存易产生扬尘的物料未采取有效措施防治扬尘污染的

题目出处：《中华人民共和国大气污染防治法》

27. 尾矿库污染隐患治理关键环节包括 ____。（   ）

A. 蓄水池　　　　　　　　　　B. 环境应急事故池

C. 渗滤液收集设施　　　　　　 D. 尾矿水排放

E. 尾矿水监测　　　　　　　　 F. 地下水监测与防渗设施

题目出处：《尾矿库污染隐患排查治理工作指南（试行）》

28. 企业事业单位和其他生产经营者建设对大气环境有影响的项目，应当依法进行 ＿＿＿ 。（　　　　　　　　）

A. 环境影响评价　　　　　　　 B. 公开环境影响评价文件

C. 申请　　　　　　　　　　　 D. 申报

题目出处：《中华人民共和国大气污染防治法》

29. 经过评估确定为较大以上环境风险的企业，可以结合 ＿＿＿ ，按照环境应急综合预案、专项预案和现场处置预案的模式建立环境应急预案体系。（　　　　　　　　）

A. 经营性质、规模　　　　　　 B. 组织体系

C. 环境风险状况　　　　　　　 D. 应急资源状况

题目出处：《企业事业单位突发环境事件应急预案备案管理办法（试行）》

30. 制定《中华人民共和国大气污染防治法》的目的是 ＿＿＿ 。（　　　　　　）

A. 保护和改善环境　　　　　　 B. 防治大气污染，保障公众健康

C. 推进生态文明建设　　　　　 D. 促进经济社会可持续发展

题目出处：《中华人民共和国大气污染防治法》

31. 《尾矿库环境应急预案编制指南》规定了尾矿库企业编制尾矿库环境应急预案的（　　　　　　　　）。

A. 整体框架　　 B. 编制程序　　 C. 主要内容　　 D. 具体要求

题目出处：《尾矿库环境应急预案编制指南》

32. 生态环境主管部门及其环境执法机构和其他负有大气环境保护监督管理职责的部门，有权通过现场 ＿＿＿ 等方式，对排放大气污染物的企业事业单位和其他生产经营者进行监督检查。（　　　　　　　　）

A. 检查监测　　 B. 自动监测　　 C. 遥感监测　　 D. 远红外摄像

题目出处：《中华人民共和国大气污染防治法》

33. 违反《中华人民共和国大气污染防治法》规定，有下列行为之一的，由县级以上人民政府生态环境主管部门责令改正，处二万元以上二十万元以下的罚款；拒不改正的，责令停产整治。（　　　　　　）

A. 侵占、损毁或者擅自移动、改变大气环境质量监测设施或者大气污染物排放自动监测设备的

B. 未按照规定对所排放的工业废气和有毒有害大气污染物进行监测并保存原始监测记录的

C. 未按照规定安装、使用大气污染物排放自动监测设备或者未按照规定与生态环境主管部门的监控设备联网，并保证监测设备正常运行的

D. 重点排污单位不公开或者不如实公开自动监测数据的

题目出处：《中华人民共和国大气污染防治法》

34. 尾矿库环境应急预案编制程序包括 ____ 。（　　　　　　）

A. 准备阶段　　　　　　　　　B. 编写阶段

C. 评审培训演练阶段　　　　　D. 签署发布阶段

题目出处：《尾矿库环境应急预案编制指南》

35.《中华人民共和国大气污染防治法》规定，产生含挥发性有机物废气的生产和服务活动，应当 ____ 。（　　　　　　）

A. 在密闭空间或者设备中进行

B. 按照规定安装、使用污染防治设施

C. 无法密闭的，应当采取措施减少废气排放

D. 安装收集罩等措施

题目出处：《中华人民共和国大气污染防治法》

36. 尾矿库预警等级根据事件的紧急程度、发展态势和可能造成的危害程度设置级别，颜色通常设置为 ____ 。（　　　　　　）

A. 红色　　　　　B. 蓝色　　　　　C. 黄色　　　　　D. 橙色

题目出处：《尾矿库环境应急预案编制指南》

37. 尾矿库环境应急预案是尾矿库企业专项预案，在尾矿库企业应急预案整体框架下 ____ 。（　　　　　　）

A. 编制　　　　　　B. 发布　　　　　C. 审核　　　　　D. 实施

题目出处：《尾矿库环境应急预案编制指南》

38. 根据尾矿库突发环境事件应急工作需求，明确其他相关保障措施，包括 ____ 。（　　　　　）

A. 应急平台建设保障　　　　　　B. 应急处置技术保障

C. 医疗卫生保障　　　　　　　　D. 重要基础设施保障

题目出处：《尾矿库环境应急预案编制指南》

39. 以下哪些属于危险废物。（　　　　　　　）

A. 含油废抹布　　　　　　　　B. 废油桶

C. 废农药包装袋　　　　　　　D. 废锂电池

40. 尾矿库企业按照规定，对尾矿库环境风险进行分析与评估，确定重点环境监管尾矿库并将其环境风险等级划分为 ____ 。（　　　　　　　）

A. 一般　　　　　　B. 较大　　　　　C. 重大　　　　　D. 特大

题目出处：《尾矿库环境应急预案编制指南》

41. 尾矿库环境应急预案编写完成后，尾矿库企业负责组织对预案进行评审，评审人员包括 ____ 和公众代表等。（　　　　　　）

A. 预案涉及的地方政府及其相关部门代表

B. 可能受污染的企事业单位代表

C. 相关行业协会代表

D. 具有相关领域经验的人员

题目出处：《尾矿库环境应急预案编制指南》

42. 重点区域内有关省、自治区、直辖市人民政府应当确定牵头的地方人民政府，定期召开联席会议，按照 ____ 的要求，开展大气污染联合防治，落实大气污染防治目标责任。（　　　　　　）

A. 统一规划　　　　　　　　B. 统一标准

C. 统一监测　　　　　　　　D. 统一的防治措施

题目出处：《中华人民共和国大气污染防治法》

43. 尾矿库企业根据自身实际情况制定工作原则，包括：____ 。（　　　　　　　）

A. 体现救人第一、以人为本的原则

B. 体现"救环境"优先于救财物，即环境优先的原则

C. 体现先期处置、防止危害扩大的原则

D. 体现应急工作与岗位职责相结合的原则

题目出处：《尾矿库环境应急预案编制指南》

44. 应急保障组负责尾矿库突发环境事件处置的 ____ 等保障工作。
(   )

A. 物资   B. 装备   C. 通信   D. 交通

题目出处：《尾矿库环境应急预案编制指南》

45. 尾矿库突发环境事件信息可以采用 ____ 等方式书面报告。(   )

A. 传真   B. 网络   C. 邮寄   D. 面呈

题目出处：《尾矿库环境应急预案编制指南》

46. 综合评审人员的定性判断和定量打分结果，对环境应急预案作出 ____
的结论。(   )

A. 通过评审   B. 原则通过评审但需进行修改复核

C. 未通过评审   D. 不予评审

题目出处：《企业事业单位突发环境事件应急预案评审工作指南（试行）》

47. 尾矿库污染隐患排查治理工作指南制定的依据有 ____。(   )

A.《尾矿污染环境防治管理办法》

B.《突发环境事件应急管理办法》

C.《中华人民共和国固体废物污染环境防治法》

D.《环境监测管理办法》

E.《尾矿库环境监管分类分级技术规程（试行）》

题目出处：《尾矿库污染隐患排查治理工作指南（试行）》

48. 下列哪些是属于企业事业单位对其环境保护工作负有的责任：____。
(   )

A. 建立内部环境保护工作机构或者确定环境保护工作人员

B. 制定完善内部环境保护管理制度和防治污染设施操作规程

C. 建立健全环境应急和环境风险防范机制，及时消除环境安全隐患

D. 建立健全环境保护工作档案

题目出处：《广东省环境保护条例》

49. 由于环境保护及相关措施不到位，导致尾矿库及附属设施存在发生污染物泄漏、扬散、流失等风险，可能对 ＿＿ 造成潜在的污染。（　　　　　　　）

A. 地表水　　　　　B. 地下水　　　　　C. 大气

D. 土壤　　　　　　E. 空气

题目出处：《尾矿库污染隐患排查治理工作指南（试行）》

50. 企业环境应急预案应当在环境应急预案签署发布之日起 ＿＿ 个工作日内，向企业所在地县级环境保护主管部门备案。县级环境保护主管部门应当在备案之日起 ＿＿ 个工作日内将较大和重大环境风险企业的环境应急预案备案文件，报送市级环境保护主管部门，重大的同时报送省级环境保护主管部门。（　　　　　　　）

A. 20　　　　　　　B. 15　　　　　　　C. 10　　　　　　　D. 5

题目出处：《企业事业单位突发环境事件应急预案备案管理办法（试行）》

扫码查看答案　　扫码查看题目
　　　　　　　　出处文件

附录 2　近年突发环境事件应急演练统计表

扫码了解更多信息

地区	名称	事件情形	任务环节	类型
江西、湖南	湘赣渌水－萍水流域跨界突发环境事件应急演练	江西省萍乡市湘东区 A 企业制水车间容积为 20 m³ 的硫酸锌置换罐因材质老化发生破损，部分硫酸锌溶液经雨水系统进入渌水，渌水干流局部河段受到不同程度污染，造成跨省污染的突发环境事件	发现险情、先期处置、信息上报、拦截断源、水利调度、加药捕集、应急监测	安全生产
江西、广东	赣粤两省联合举办跨省突发环境事件应急联合演练	东江流域省界上游江西省寻乌县一辆运输波尔多液农药的货车侧翻，罐体泄漏导致河流污染	制定监测方案、处置方案、应急保障方案，对污染物进行巡查追踪、捕捉收储、削减稀释	交通事故
江西	新余市孔目江流域突发水污染事件无脚本应急联合演练	一辆装载货车在行经 S311 省道仙女湖区欧里镇洲上村桥时发生交通事故，导致侧翻，部分桶装不明物质进入孔目江一级支流双林河，并有疑似油类物质泄漏，事故发生点距离新余市第四水厂水源地 18.3 km，可能对供水安全造成危害	发现险情、医疗救护、舆情应对、应急监测、拦污控污等	交通事故
湖南	2022 年度湖南省突发环境事件应急演练	演练模拟企业铊污染事件：某日上午 8 时 10 分，湘潭市某公司废水处理站值班人员发现 1# 废水处理站调节池出现破裂，大量含铊废水外泄，进入雨水管网并汇入南洋渠，有可能污染湘江，危及饮水安全	发现险情、医疗救护、舆情应对、应急监测、拦污控污等	安全生产

扫码了解更多
信息

地区	名称	事件情形	任务环节	类型
湖南	2021 年度湖南省突发环境事件应急演练	2021 年 12 月 17 日上午 9 时许，郴州市宜章县生态环境监测站在对境内武水河梅田镇段水质的例行监测中发现类金属砷检出浓度达 0.116 mg/L，超过国家标准 1.32 倍；且该断面距出境断面仅 15 km，可能造成跨省水质污染事件	信息上报、应急监测、无人机航拍、无人船采样、筑坝截流、投药削污	安全生产
湖南	2020 年度湖南省突发环境事件应急演练	长沙某环保技术股份有限公司发生医疗废物超量和公司设备故障造成超出处置能力突发环境事件，同时行经 X058 县道山塘坪路段的医疗废物专用转运车发生侧翻事故，驾驶员受伤，医疗废物撒落在路基下，部分医疗废物跌入溪流	废物回收、应急监测（烟气、地表水、土壤）	安全生产、交通事故
广西	广西突发环境应急监测云演练	矿库泄漏、危险化学品运输泄漏事件、企业安全生产事故等	组织机构、监测内容、监测分析方法、质量控制、数据报送等	安全生产、交通事故
四川	2023 年赤水河流域（四川段）突发环境事件综合应急演练	泸州市古蔺县发生地震，川酒集团酱酒有限公司半成品酒和酿造废水泄漏，有燃爆风险，污染物流入龙井河。同时，地震造成永乐加油站地下管道破损，部分柴油泄漏，流入古蔺河	溯源排查、信息上报、指挥决策、监测评估、协同处置、物资调配、筑坝截流、铺设围油栏、开挖收集池等	安全生产
四川、云南、重庆	2022 年川滇渝三省（市）长江流域突发生态环境事件	宜宾市安边镇叙州化工厂文富码头储罐区粗苯泄漏引发燃爆，两名员工被困，事发前储罐内有粗苯约 60 t	发现险情、医疗救护、舆情应对、应急监测、拦污控污等	安全生产

地区	名称	事件情形	任务环节	类型
四川、重庆	2022年嘉陵江川渝跨界突发环境事件应急联合演练	当地某化工厂发生燃爆事故，导致污染物泄漏，并随消防废水进入长滩寺河和嘉陵江，威胁下游武胜县真静乡场镇及重庆市合川区饮水安全	调查核实、信息报告、应急监测、分析研判、现场处置、饮水应急保障、舆情应对和信息公开等	安全生产
江西、浙江	2023年赣浙突发环境事件应急演练	一辆载有三氯乙烯的危险化学品运输车辆自衢州巨化集团驶往衢饶示范区，途经晶科能源（玉山）有限公司时发现泄漏，少量化学品流入附近河道，可能对玉山县和下游衢州市河道水体造成污染	指挥调度、信息通报、协同联动、现场控制、应急监测、污染处置、舆情应对等	交通事故
浙江	千黄高速公路危化品交通事故暨突发环境事件应急救援处置演习	一辆运输不明危险化学品的5 t厢式货车行驶在千黄高速千岛湖停车区附近，因司机疲劳驾驶撞向钢制护栏后停在车道内，后方载客十余人的中巴车因避让不及撞向厢式货车，导致厢式货车后门打开，装有危险化学品的桶散落一地，危险化学品从桶中流出，部分危险化学品桶滚入千岛湖中，并不断在湖面扩散。此时，后方中巴车车头起火，部分乘客受伤，亟须快速转移	事故上报、预案启动、现场抢险、伤员转运、安全疏散、应急监测、水上清污、事故调查等	交通事故
浙江、安徽	皖浙环—2020新安江流域突发环境事件跨省联动处置应急演练	在新安江流域歙县深渡沿线道路，一辆运输甲苯的槽罐车突发单方交通事故，坠入新安江。受突发事故影响，深渡港码头启动相关预案，在船只转移疏散过程中，A客船不慎与B客船（杭州返航客船）发生碰撞，大量柴油泄漏，同时导致B客船抛锚搁浅并起火	事故上报、现场抢险、伤员转运、应急监测（大气、水）、水上清污、事故调查等	交通事故

扫码了解更多
信息

地区	名称	事件情形	任务环节	类型
北京、天津、河北	2023年京津冀突发水污染事件联合应急演练	河北省保定市定兴县境内107国道跨南拒马河桥上,一辆汽油罐车发生交通事故,引发汽油泄漏,汽油流入南拒马河,威胁下游白洋淀水环境安全和天津市水域安全	信息上报、应急响应、污染源封堵及处置、水利调度、应急监测等	交通事故
北京、天津、河北	2020年京津冀突发水污染事件联合应急演练	河北易县境内112国道一处临河路段发生一起甲苯罐车交通事故,部分甲苯泄漏,造成拒马河水体污染	信息上报、快速响应、应急监测、信息公开、舆情应对、事故调查、水上清污等	交通事故
辽宁	沈阳现代化都市圈2023年突发环境事件应急联合演练	企业生产安全事故次生突发石油类水污染事件,威胁太子河水环境质量和沿线地下饮用水环境安全	源头控制、应急处置、水源地应急等	安全生产
辽宁	沈阳经济区一体化五市突发环境事件联合应急演练	沈阳苏家屯区某化工企业污水处理设施发生故障,大量含苯废水未经处理直接外排流入北沙河,威胁北沙河水质	信息上报、物资调配、无人机监控污染团、水面拦截、道路保通、现场警戒、救生保障、连续监测	安全生产
辽宁	2022年沈阳现代化都市圈突发环境事件应急联合演练	汛期抚顺市某化工厂发生泄漏事故,污水进入浑河,造成水环境污染,危及浑河下游水质安全	信息报告、应急响应、指挥调度、应急监测、现场处置和后期处置等	安全生产
吉林	2023年浑江流域突发水污染事件应急联动演练	一辆满载柴油的油罐车发生交通事故,在浑江上游支流板石河桥梁上倾翻,大量柴油流入浑江,引发浑江水体石油类污染	接警研判、信息报告、现场调查、联动处置、联合监测、应急终止等	交通事故
吉林	吉林省2019年度化工园区突发环境事件应急演练	康乃尔化学工业股份有限公司二期液氨球罐出口法兰发生泄漏,可能对周边环境造成影响	信息报告、污染源封堵、突发环境事件应急指挥管理、防范污染物扩散处理、环境应急监测等	安全生产

扫码了解更多
信息

续表

地区	名称	事件情形	任务环节	类型
安徽	2022年安徽省生态环境厅暨池州市突发环境事件应急演练	一化工企业危险化学品储罐发生爆燃，受此影响，事故周边企业紧急转移危险化学品，不慎发生交通事故，大量装有危险化学品的塑料桶滚落到河道中	部门联动、企业自救、信息报送、执法调查、应急监测、专家会商、物资调配、现场处置等	安全生产、交通事故
福建	2023年突发环境事件应急演练	以极端天气引发突发环境事件为背景，模拟明溪县工业集中区内某公司突发生产安全事故，处置过程中碳酸甲乙酯等化学物质随消防废水进入河道	发现险情、医疗救护、舆情应对、应急监测、拦污控污等	安全生产
福建	2020年厦门市海沧区模拟氨水泄漏突发环境事件应急演练	企业发生氨水泄漏事故	发现险情、医疗救护、舆情应对、应急监测、拦污控污等	安全生产
山东	第八届山东省生态环境应急实兵演练暨生态环境监管技术比武竞赛	为企业偷排的含油化工污水进入L河的突发环境事件，导致L河滨州惠民县段形成以浮油为主要污染物的约4 km污染带，受污染水体一旦进入徒骇河，极易造成海洋污染事件	事故报告，先期处置、事故评估、级别响应、部门联动、事故控制、响应解除、后期处置、应急终止等	安全生产
山东	第七届山东省生态环境应急实兵演练暨生态环境监管技术比武竞赛	模拟污染物进入洋河，危及南水北调流域水质安全	应急管理、应急监测、环境执法、辐射事故应急	安全生产、交通事故
河南、湖北	2023年豫鄂两省跨界突发水污染事件应急演练	新野县唐河大桥发生一起柴油罐车交通事故，致10 t柴油泄漏进入唐河，危及下游湖北省境内一乡镇级饮用水水源地饮水安全	信息上报、快速响应、应急监测、信息公开、舆情应对、事故调查、水上清污等	交通事故

扫码了解更多
信息

地区	名称	事件情形	任务环节	类型
河南	2021 年河南省辐射事故应急综合演习	放射源和非密封放射性物质运输车辆侧翻事故	事故报告、应急响应启动、应急监测、应急计划实施、放射性废物处置、医疗救治、信息公开以及通信传输、应急终止、内部总结与评估	交通事故
湖北	湖北省城市放射性废物库辐射事故应急专项演练	在极端高温天气条件下，放射源收贮入库过程中，因库房行吊抓具突发故障，导致放射源容器坠落受损及整备外包破裂，发生放射源掉出照射事故	放射性废物库在线监测系统触发报警、辐射事故信息报告、应急响应和指挥调度、现场管控和应急监测、放射源处理和现场恢复、环境恢复确认、应急人员安全防护、应急终止和总结报告等	安全生产
湖北	2021 年度湖北省突发环境事件应急演练	十堰市张湾区电镀工业园污水处理站污泥浓缩池污泥外溢，涉重污泥进入厂区雨水沟，通过雨水沟流出，污泥泄漏量约 60 t	信息上报、快速响应、应急监测、信息公开、舆情应对、事故调查、水上清污等	安全生产
云南	云南省 2023 年地市级集中式饮用水水源地突发环境事件综合应急演练	一辆罐车在北庙水库大桥附近发生交通事故，事故导致柴油及大量二氯乙烷泄漏，且已有部分污染物进入北庙水库，威胁保山市饮用水水源地水质安全。此外，隆阳区董达村环湖污水截污管网因灾破裂，大量生活污水涌出	信息上报、快速响应、应急监测、信息公开、舆情应对、事故调查、水上清污等	交通事故、其他
云南	云南省 2023 年赤水河流域突发环境事件应急演练	云南省昭通市镇雄县罗甸村发生交通事故，导致一油罐车内大量运载燃油泄漏、流入赤水河，污染团沿河下移，可能进入下游四川、贵州，造成跨界污染	信息上报、快速响应、应急监测、信息公开、舆情应对、事故调查、水上清污等	交通事故

扫码了解更多
信息

续表

地区	名称	事件情形	任务环节	类型
青海	2020年西宁市水污染突发环境事件应急演练	西宁市东川工业污水处理厂上游某企业废水未经处理，直排污水管道，造成活性污泥失活，引起出水水质超标	信息上报、快速响应、应急监测、信息公开、舆情应对、事故调查、水上清污等	安全生产
甘肃	2023年甘肃省突发环境事件应急演练	一辆油罐车在国道上行驶途中与相向而行、转弯失控的车辆发生交通事故，油罐车油品大量泄漏的同时被引燃	专家评估组召开演练评估会议，对演练准备和策划、演练文件编制、预警与信息报告、响应启动与先期处置、指挥和协调、应急处置、环境应急资源保障、信息公开、应急通信、现场警戒、人员防护、医疗救护和应急终止13个方面进行了详细评估	交通事故
甘肃	全省突发环境事件应急演练"一案一档一影像"评比比武活动	—	典型突发环境事件应急演练的计划拟定、方案脚本编写、演练过程、总结评估以及成果转化	—
甘肃、陕西、四川	甘陕川三省三市2020年长江上游嘉陵江流域突发环境事件应急演练	某铅锌选矿厂尾矿库排洪斜槽拱板突然断裂，造成尾砂泄漏并进入东河	应急指挥、事件信息收集与报送、环境监测、事故现场处置、新闻宣传及舆情管控、应急物资保障	其他
陕西	2023年陕西省突发环境事件应急演练	一辆油罐车行至108国道汉中市宁强县七盘关下坡路段发生交通事故，泄漏柴油进入潜溪河水体，引发较大突发环境事件	开展断源、监测、拦截、清除等工作，制定污染处置及应急监测方案，采取清水导流、筑坝拦截、吸附降污等措施削减污染物，并及时通报下游市区	交通事故
陕西	智慧支撑2022云上水环境应急监测演练	—	监测方案制定、应急预警研判、样品分析及支撑应急处置	—

扫码了解更多
信息

地区	名称	事件情形	任务环节	类型
北京、河北	京冀"两市三区"突发水环境事件联合应急演练	一辆载有甲苯的罐车发生侧翻，导致甲苯流入河流中	信息上报、快速响应、应急监测、信息公开、舆情应对、事故调查、水上清污等	交通事故
北京、天津、河北	京津冀联合应急演练	尾矿库垮坝导致废渣进入河流	信息上报、快速响应、应急监测、信息公开、舆情应对、事故调查、水上清污等	其他
重庆、四川	2023年濑溪河流域突发水污染事件川渝联合应急演练	荣昌一化工企业锰渣场因连日暴雨引发挡土墙垮塌，垮塌的锰渣随雨水通过雨水管网进入濑溪河	污染预警和信息报告、应急响应和指挥调度、险情控制和污染处置、环境监测和饮水监测、交通和公共秩序维护、舆情监控和新闻发布等	其他
重庆	涪江流域突发水污染事件应急联合演练	潼南区连日暴雨引发某企业渣场附近山体塌方，截洪沟堵塞，山水改道、进入渗滤液收集池，导致部分铬渣及渗滤液溢流进入外环境，威胁下游涪江及潼南区上和镇、别口镇、合川太和水厂、小河水厂，铜梁区高楼水厂共5个乡镇级饮用水水源地和安居城市级饮用水水源地水质安全	发生险情、应急响应、信息报告、市级响应、终止响应、新闻发布等	其他
重庆、贵州	2021年渝黔跨省界突发环境事件应急联合演练	贵州省遵义市桐梓县因连续暴雨发生山体滑坡，国家管网渝贵支线桐梓段发生破损，引发柴油泄漏，泄漏油品经松坎河进入綦江区境内，可能威胁綦江区松藻水厂、三江水厂饮用水水源地水质安全	突发环境事件信息报告、应急响应和指挥调度、污染拦截和吸附处置、环境监测和饮用水水源监测、水厂取供水深度处理、交通和公共秩序维护、舆情监控和新闻发布	其他

扫码了解更多
信息

续表

地区	名称	事件情形	任务环节	类型
重庆、四川	2020年嘉陵江川渝跨界突发环境事件应急演练	四川省广安市武胜县街子化工园区某化工厂甲苯储罐发生燃爆事故，导致甲苯泄漏，泄漏甲苯随消防水进入嘉陵江，导致次生突发环境事件，对合川区嘉陵江水质造成影响，危及沿线古楼、钱塘、云门及合川城区饮用水水源地的环境安全	应急信息报告、应急响应和指挥调度、污染拦截处置、应急监测、水厂深度处理、公共秩序维护、舆情监控和新闻发布	安全生产
广州	广州市2022年度突发环境事件应急演练	广州某自来水厂上游自动监测站监测结果显示流溪河太平、钟落潭段饮用水水源保护区内重金属镍浓度异常	人员配备、装备配置、应急采样监测、信息报送	其他
深圳	2023年饮用水源保护区突发环境事件应急演练	模拟运输危险废物车辆发生交通事故而造成石岩水库入库河流（石岩河）水体一定程度的污染，并威胁石岩水库水源地饮用水安全，包含交通事故次生突发环境事件、入库河流污染突发环境事件两阶段情景	险情上报、人员到位、事故处置、水质监测、信息报送、舆情应对、事件终止	交通事故、其他
佛山	2023年佛山市突发环境事件应急监测演练	危险化学品运输车辆与危险废物运输车辆追尾事故导致部分甲苯溶剂、电镀废液流入南北大涌事件	接报记录、现场信息调查及采样、应急监测方案编制、现场样品快速监测、实验室样品分析和编写应急监测快报	交通事故
韶关	2023年度韶关市重点园区突发环境事件应急演练	公司污水处理系统故障导致含重金属废水外溢，经路面流入雨水渠，事故有进一步污染浈江的风险	预警行动、应急响应、应急处置，兼顾应急终止和善后处置程序	其他

扫码了解更多
信息

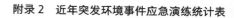

续表

地区	名称	事件情形	任务环节	类型
惠州	2023 年东江流域沙河突发环境事件应急演练	以博罗县沙河流域华通精密线路板（惠州）股份有限公司危险废物仓库火灾引发含铜、镍、石油类消防废水溢流入河的突发环境事件为背景	演练事件接报、会商研判、先期处置、信息报告、应急监测、应急响应、事件通报、应急处置、新闻发布、应急终止等应急响应全过程场景	安全生产
汕尾	2020 年液氨泄漏突发环境事件应急联合实战演练	广东红海湾发电有限公司检修班组在 3 号、4 号机组氨站进行防腐作业时，1 号液氨储罐液（供氨）氨侧出口法兰损坏，液氨大量泄漏，引发突发环境事件	应急处置、物资调配和信息报送	安全生产
河源	2020 年河源生态环境监测站突发生态环境事件应急演练	粤赣高速城南停车服务区附近发生一起交通事故，事故车辆所运载的危险废液发生泄漏	应急监测	交通事故
江门	2020 年江门市潭江流域突发水环境事件联合应急演练	潭江一级支流新桥水流域发生危险化学品运输车辆追尾事故，导致危险化学品泄漏、进入新桥水	桌面推演、实战演练、播放视频	交通事故
湛江	2020 年湛江市突发环境事件应急演练	湛茂输油管道 ϕ 529 转油 101 线穿越南柳河处，突发原油泄漏、污染南柳河，威胁下游港湾海洋环境	应急处置、应急监测	其他
珠海	珠海市 2021 年突发环境事件应急演练	长成新能股份有限公司车间石脑油储罐泄漏，企业应急人员抢修过程中操作不当引发储罐火灾。由于火势较大，消防废水无法及时消纳，造成突发环境事件	事件接报、应急处置、应急监测、信息报告	安全生产

参考文献

陈杉.应急培训模式及应急实训系统的研究与设计 [D].青岛：中国石油大学，2018.

国务院应急管理办公室.突发事件应急演练指南 [Z]. 2009.

李程，王惠中.浅析环保部门应对突发环境事件的责任及策略——以江苏省环境应急管理为例 [J].环境保护，2015，43(1): 58-60.

李雪峰，等.应急管理演练式培训 [M].北京：国家行政学院出版社，2013.

李雪峰.应急演练规划指南 [M].北京：中国人民大学出版社，2018.

刘伟，解军，耿明.山东省环境监测技术演练实践与探讨 [J].环境监控与预警，2017，(1): 49-51.

莫家乐，叶脉，解光武，等.突发环境事件应急演练场景设计探索 [J].四川环境，2020，39(4): 161-166.

王如意.突发事件应急演练与处置对策 [M].天津：天津人民出版社，2011.

杨晓晓.突发性水污染事件应急管理研究 [D].北京：中国地质大学，2020.

杨永俊.突发事件应急响应流程构建及预案评价 [D].大连：大连理工大学，2009.

叶脉，解光武，张佳琳，等.突发环境事件应急响应实用技术 [M].北京：中国环境出版集团，2021.

易仲源，虢清伟，陈思莉，等.流域突发环境事件应急综合演练的策划与组织实施——以我国某跨境河流突发环境事件应急综合演练为例 [J].环境工程学报，2019，15(9): 2904-2912.

张小兵，解玉宾，曹杰，等.生产事故引发环境事件应急演练的典型问题剖析 [J].中国安全生产科学技术，2017，13(4): 129-135.

朱彧.化工园区突发环境事件应急演练组织实施工作及常见问题 [J].工业生产，2019，45(12): 207-208.

WALTER G. GREEN Ⅲ. Exercise Alternatives for Training Emergency Management Command[M]. Irvine: Universal Publishers, 2000.